高职高专机电类专业系列教材

数控车床编程与操作

主　编　唐　娟

副主编　吴　萍　王　颖

参　编　罗　红　冯　磊　许为民

　　　　严小林　朱　强

主　审　宋志国

机械工业出版社

本书从培养技能型人才的目的出发，紧密结合生产实际，校企合作共同开发。全书紧紧围绕职业能力目标，以学生为主体，以项目任务为载体，以案例为引导，实现教、学、做一体的课程教学。

本书共由 6 个项目，计 18 个任务组成，以 FANUC 系统数控车床为背景。通过项目任务的实施，学生可循序渐进地掌握数控车床基本操作、数控车削工艺设计、数控车床编程指令和数控车床自动加工等知识。

本书可作为高等职业院校机电一体化技术、数控技术、模具设计与制造等专业的教学用书，也可供有关工程技术人员、数控机床编程与操作人员参考。

本书配有电子课件和视频教程，读者可扫描书中二维码观看，或登录机械工业出版社教育服务网 www.cmpedu.com 注册后下载。咨询邮箱：cmpgaozhi@sina.com。咨询电话：010-88379375。

图书在版编目（CIP）数据

数控车床编程与操作/唐娟主编. —北京：机械工业出版社，2018.8（2024.2 重印）

高职高专机电类专业系列教材

ISBN 978-7-111-60562-1

Ⅰ.①数… Ⅱ.①唐… Ⅲ.①数控机床-车床-程序设计-高等职业教育-教材②数控机床-车床-操作-高等职业教育-教材 Ⅳ.①TG519.1

中国版本图书馆 CIP 数据核字（2018）第 168325 号

机械工业出版社（北京市百万庄大街 22 号　邮政编码 100037）
策划编辑：薛　礼　责任编辑：薛　礼　责任校对：郑　婕
封面设计：路恩中　责任印制：单爱军
北京虎彩文化传播有限公司印刷
2024 年 2 月第 1 版第 4 次印刷
184mm×260mm·15.25 印张·368 千字
标准书号：ISBN 978-7-111-60562-1
定价：48.00 元

电话服务

客服电话：010-88361066
　　　　　010-88379833
　　　　　010-68326294

封底无防伪标均为盗版

网络服务

机　工　官　网：www.cmpbook.com
机　工　官　博：weibo.com/cmp1952
金　书　网：www.golden-book.com
机工教育服务网：www.cmpedu.com

前　言

本书是根据高职高专数控技术、模具设计与制造、机电一体化技术专业人才培养方案的要求而编写的。编写时始终坚持"以就业为导向",紧紧围绕"能力本位,项目主体"的课程改革理念,同时兼顾企业岗位实际和国家职业技能考核标准。

本书共有六个项目,计18个任务。项目1是数控车床基本操作,包括数控车床安全操作规程及日常维护、数控车床基本操作方法和数控车床对刀操作三个任务,项目2～项目6由15个由浅入深、由简单到复杂逐渐递进的任务组成。通过学习,学生可快速、全面地掌握数控车削加工工艺分析、程序编制和数控加工等专业技术知识。通过本书项目任务的学习和训练,学生能达到数控车工职业技能中高级考核要求。

本书配有视频教程,读者可扫描书中二维码观看。

本书为校企合作教材,由泰州职业技术学院唐娟担任主编,泰州职业技术学院吴萍、王颖担任副主编。参加本书编写的还有江苏泰隆减速机股份有限公司罗红,江苏联合职业技术学院冯磊,江苏信息职业技术学院许为民,江苏晨光数控机床有限公司严小林、朱强。全书由常州信息职业技术学院宋志国审阅,由泰州职业技术学院唐娟统稿和定稿。

由于编者水平有限,书中难免存在不妥之处,敬请广大读者和有关专家批评指正。

编　者

二维码清单

名称	图形	名称	图形
对刀		单一切削循环指令 G90	
单段车削螺纹加工指令 G32		单一固定循环车削螺纹加工指令 G92	
端面固定切削循环指令 G94		内/外圆粗、精车复合固定循环指令 G71、G70	
端面粗车复合固定循环指令 G72		固定形状粗车复合固定循环指令 G73	
Z 向进给钻削、切槽循环指令 G74		X 向钻孔、切槽循环 G75	
面板总体介绍		复合固定循环车削螺纹加工指令 G76	
手动方式		手摇方式	

（续）

名称	图形	名称	图形
POS 功能键		MESSAGE 功能键	
MDI 功能		OFS 功能键	
SYSTEM 功能键		PROG 功能键	

目 录

项目 1

数控车床基本操作

任务1　数控车床安全操作规程及日常维护

学习目标

1）掌握数控车床的文明生产及安全操作规程。
2）掌握数控车床日常维护及保养的内容和方法。

任务布置

1）认真学习数控机床的安全操作规程。
2）认真学习维护和保养数控车床的步骤方法。
3）养成重视爱护数控设备的良好习惯。

相关知识

1. 机床数控系统

数控系统是数字控制系统简称，英文名称为 Numerical Control System。计算机数控（Computerized Numerical Control，简称 CNC）系统是用计算机控制加工功能，实现数值控制的系统。CNC 系统是根据计算机存储器中存储的控制程序，执行部分或全部数值控制功能，并配有接口电路和伺服驱动装置的专用计算机系统。

CNC 系统由数控程序、输入装置、输出装置、计算机数控装置（CNC 装置）、可编程逻辑控制器（PLC）、主轴驱动装置和进给（伺服）驱动装置（包括检测装置）等组成。

目前我国国内常见的数控系统有：日本 FANUC 公司生产的 FANUC 数控系统，德国西门子公司生产的 Siemens 数控系统，日本三菱公司生产的 Mitsubishi 数控系统，北京凯恩帝（KND）公司生产的 KND 数控系统，广州数控（GSK）公司生产的 GSK 数控系统。其他品牌的数控系统还有西班牙的发格（FAGOR）数控系统、德国的海德汉（Heidenhain）数控系统以及武汉华中数控系统等。本书以常见的 FANUC 0i 数控系统为例，讲解数控车床编程与操作的相关知识。

2. 数控车床加工的特点

数控车床是数字程序控制车床（CNC Lathe）的简称，它集通用性好的万能型车床、加工精度高的精密型车床和加工效率高的专用型普通车床的特点于一身，是国内使用量最大、覆盖面最广的机床之一。

数控车床主要用于轴类和盘类回转体零件的加工，能够自动完成内外圆柱面、圆锥面、圆弧面、螺纹等工序的切削加工，并能进行切槽、钻、扩、铰孔和各种回转曲面的加工。数控车床具有加工效率高、精度稳定性好、加工灵活、操作劳动强度低等特点，特别适用于复杂形状的零件或中小批量零件的加工。

3. 编程的内容和步骤

通常数控车床程序的编制工作主要包括以下几个方面的内容。

（1）分析零件图样、确定加工工艺　编程人员首先要根据加工零件的图样及技术文件，对零件的材料、几何形状、尺寸精度、表面粗糙度、热处理要求等进行分析，从而确定零件加工工艺过程及设备、工装、加工余量、切削用量等。

（2）数值计算　根据零件图中的加工尺寸和确定的工艺路线，建立工件坐标系，计算出零件粗、精加工运动的轨迹。加工形状简单零件的轮廓，要计算出几何元素的起点、终点、圆弧的圆心、两几何元素的交点或切点的坐标值。加工非圆曲线、曲面组成的零件，要计算直线段或圆弧段逼近零件轮廓时的节点坐标。

（3）编写零件加工程序单　根据加工路线、工艺参数、刀具号、辅助动作及数值计算的结果等，按所使用的机床数控系统规定的功能指令及程序段格式，编写零件加工程序单。此外，还应附上必需的加工示意图、刀具布置图、机床调整卡、工序卡及必需的说明等。

（4）程序输入数控系统　把编制好的程序单上的内容记录通过一定的方法将其输入数控系统。通常的输入方法有下面几种：

1）手动数据输入。按所编程序单的内容，通过操作数控系统的键盘进行逐段输入，同时利用 CRT 显示内容来进行检查。

2）利用 CF 卡输入。当程序较长，操作、编辑都不便时，可用 CF 卡完成程序的输入。

3）通过车床通信接口输入。将计算机编制好的程序，通过与车床控制通信接口连接直接输入车床的控制系统。

（5）程序校对和首件试切　输入的程序必须进行校验，校验的方法有下面几种：

1）起动数控车床，按照输入的程序进行空运转，即在车床上用笔代替刀具（主轴转），坐标纸代替工件，进行空运转画图，检查车床运动轨迹的正确性。

2）在具有 CRT 屏幕图形显示功能的数控车床上，进行工件图形的模拟加工，检查工件图形的正确性。

3）用易加工材料（如塑料、木材、石蜡等）代替零件材料进行试切削。

当发现问题时，应分析原因，调整刀具或改变装夹方式，或进行尺寸补偿。首件试切之后，方可进行正式切削加工。

4. 编程方法的种类

数控编程有两种方法，即手工编程和自动编程，采用哪种编程方法应视零件的难易程度而定。

（1）手工编程　手工编程就是从分析零件图样、确定加工工艺过程、数值计算、编写零件加工程序单、程序输入数控系统到程序校验都由人工完成。对于加工形状简单、计算量小、程序不多的零件（如点位加工或由直线与圆弧组成的轮廓加工），采用手工编程较容易，而且经济快捷。

（2）自动编程　对于形状复杂的零件，特别是具有非圆曲线、曲面组成的零件，用手工编程就有一定困难，有时甚至无法编出程序，此时必须采用自动编程的方法编制程序。

自动编程是以待加工零件 CAD 模型为基础的一种集加工工艺规划及数控编程为一体的自动编程方法。目前，以 CAD/CAM 一体化集成形式的软件已成为数控加工自动编程系统的主流。这些软件可以采用人机交互方式，进行零件几何建模，对车床与刀具参数进行定义和选择，确定刀具相对于零件的运动方式、切削加工参数，自动生成刀具轨迹和程序代码。最后经过后置处理，按照所使用车床规定的文件格式生成加工程序。通过快速程序输入的方式，将加工程序传送到数控车床的数控单元。

5. 数控车床安全操作规程

数控车床是一种自动化程度高、结构复杂且又昂贵的先进加工设备，它与普通车床相比具有加工精度高、加工灵活、通用性强、生产效率高、质量稳定等优点，特别适合加工多品种、小批量形状复杂的零件，在企业生产中有着至关重要的地位。

数控车床操作者除了应掌握好数控车床的性能、精心操作外，还要管好、用好和维护好数控车床，养成文明生产的良好工作习惯和严谨的工作作风，具有良好的职业素质、责任心，做到安全文明生产，严格遵守以下数控车床安全操作规程：

1）数控系统的编程、操作和维修人员必须经过专门的技术培训，熟悉所用数控车床的使用环境、条件和工作参数等，严格按机床和系统说明书的要求正确、合理地操作机床。

2）数控车床的使用环境要避免光的直接照射和其他热辐射，避免太潮湿或粉尘过多的场所，特别要避免有腐蚀气体的场所。

3）为避免电源不稳定给电子元件造成损坏，数控车床应采取专线供电或增设稳压装置。

4）主轴起动开始切削之前一定要关好防护罩门，程序正常运行中严禁开启防护罩门。

5）在每次接通电源后，必须先完成各轴的返回参考点操作，然后进入其他运行方式，以确保各轴坐标的正确性。

6）在机床正常运行时，不允许打开电气柜的门。

7）加工程序必须经过严格检验方可进行操作运行。

8）手动对刀时，应注意选择合适的进给速度；手动换刀时，刀架距工件要有足够的转位距离，以免发生碰撞。

9）加工过程中，如出现异常危急情况，可按下急停按钮，以确保人身和设备的安全。

10）机床发生事故，操作者要注意保留现场，并向维修人员如实说明事故发生前后的情况，以利于分析问题，查找事故原因。

11）数控机床的使用一定要由专人负责，严禁其他人员随意动用数控设备。

12）要认真填写数控机床的工作日志，做好交接工作，消除事故隐患。

13）不得随意更改数控系统内部制造厂商设定的参数，并及时做好备份。

14）要经常润滑机床导轨，防止导轨生锈，并做好机床的清洁保养工作。

6. 数控车床日常维护及保养

数控车床具有集机、电、液于一身的特点，是一种自动化程度高的先进设备。为了充分发挥其效益，减少故障的发生，必须做好日常维护保养工作，使数控系统少出故障，以延长系统的平均无故障时间。数控车床维护人员不仅要有机械、加工工艺以及液压、气动方面的知识，还要具备计算机、自动控制、驱动及测量技术等方面的知识，这样才能全面了解、掌握数控车床，及时搞好维护保养工作。数控车床主要的维护保养工作如下：

1）严格遵守操作规程和日常维护制度。数控系统的编程、操作和维修人员必须经过专门的技术培训，严格按机床和系统说明书的要求正确、合理地操作机床，应尽量避免因操作不当引起故障。

2）操作人员在操作机床前必须确认主轴润滑油与导轨润滑油是否符合要求。当润滑油不足时，应按说明书的要求加入牌号、型号等合适的润滑油，并确认气压是否正常。

3）防止灰尘进入数控装置内。若电气柜空气过滤器灰尘积累过多，会使柜内冷却空气流通不畅，引起柜内温度过高而使数控系统工作不稳定。因此，应根据周围环境温度状况，定期检查清扫。电气柜内电路板和元器件上积累有灰尘时，应及时清扫。

4）应每天检查数控装置上各个冷却风扇工作是否正常。视工作环境的状况，每半年或每季度检查一次过滤通风道是否有堵塞现象。如过滤网上灰尘积聚过多，应及时清理，否则将导致数控装置内温度过高（一般温度为55~60℃），致使CNC系统不能可靠地工作，甚至发生过热报警。

5）伺服电动机的保养。对于数控车床的伺服电动机，要每隔10~12个月进行一次维护保养，加速或者减速变化频繁的机床要每隔两个月进行一次维护保养。维护保养的主要内容有：用干燥的压缩空气吹去电刷的粉尘，检查电刷的磨损情况，如需更换，应选用规格型号相同的电刷，更换后要空载运行一定时间，使其与换向器表面吻合；检查并清扫电枢换向器，以防止短路；当装有测速电动机和脉冲编码器时，也要进行定期检查和清扫。

6）及时做好清洁保养工作，如空气过滤器的清扫、电气柜的清扫、印制电路板的清扫等。表1-1为数控车床保养一览表。

表1-1 数控车床保养一览表

序号	检查周期	检查部位	检查要求
1	每天	导轨润滑油箱	检查油量，及时添加润滑油，润滑液压泵是否定时起动打油及停止
2	每天	主轴润滑恒温油箱	工作是否正常，油量是否充足，温度范围是否合适
3	每天	机床液压系统	油箱泵有无异常噪声，工作油面高度是否合适，压力表指示是否正常，管路及各接头有无泄漏
4	每天	压缩空气气源压力	气动控制系统压力是否在正常范围内
5	每天	X、Z轴导轨面	清除切屑和脏物，检查导轨面有无划伤损坏，润滑油是否充足
6	每天	各防护装置	机床防护罩是否齐全有效
7	每天	电气柜各散热通风装置	各电气柜中冷却风扇是否工作正常，风道过滤网有无堵塞，及时清洗过滤器
8	每周	各电气柜过滤网	清洗粘附的尘土
9	不定期	冷却液箱	随时检查液面高度，及时添加冷却液，太脏应及时更换
10	不定期	排屑器	经常清理切屑，检查有无卡住现象
11	半年	检查主轴驱动传动带	按说明书要求调整传动带松紧程度
12	半年	各轴导轨上镶条、压紧滚轮	按说明书要求调整松紧状态
13	一年	检查和更换电动机电刷	检查换向器表面，除去毛刺，吹净炭粉，磨损过多的电刷应及时更换
14	一年	液压油路	清洗溢流阀、减压阀、过滤器、油箱，更换过滤液压油
15	一年	主轴润滑恒温油箱	清洗过滤器、油箱，更换润滑油
16	一年	冷却液压泵过滤器	清洗冷却油池，更换过滤器
17	一年	滚珠丝杠	清洗丝杠上旧润滑脂，涂上新润滑脂

7）定期检查电气部件，检查各插头、插座、电缆及继电器的触点是否出现接触不良、断路和短路等故障。检查各印制电路板是否干净。检查主电源变压器、各电动机的绝缘电阻是否在 1MΩ 以上。平时尽量少开电气柜门，以保持电气柜内清洁。

8）经常监视数控系统的电网电压。数控系统允许的电网电压范围在额定值的 85% ~ 110%，如果超出此范围，轻则使数控系统不能稳定工作，重则会造成重要的电子元件损坏。因此，要经常注意电网电压的波动。对于电网质量比较差的地区，应及时配置数控系统用的交流稳压装置，以使故障率有比较明显的降低。

9）定期更换存储器用电池。数控系统中，部分 CMOS 存储器中的存储内容在关机时靠电池供电保持，当电池电压降到一定值时，就会造成参数丢失。因此，要定期检查电池电压，更换电池时一定要在数控系统通电状态下进行，并做好数据备份，以免造成存储参数丢失。

10）备用印制电路板长期不用容易出现故障。因此，对所购数控机床中的备用电路板，应定期装到数控系统中通电运行一段时间，以防止损坏。

11）定期进行机床水平和机械精度的检查与校正。机械精度的校正方法有软硬两种：软方法主要是通过系统参数补偿，如丝杠反向间隙补偿、各坐标定位精度定点补偿、机床回参考点位置校正等；硬方法一般要在机床进行大修时进行，如进行导轨修刮、滚珠丝杠螺母预紧调整反向间隙等，并适时对各坐标轴进行超程限位检验。

12）长期不用数控车床的保养。在数控车床闲置不用时，应经常给数控系统通电，在机床锁住的情况下，使其空运行。在空气湿度较大的梅雨季节，应该每天通电，利用电器元件本身发热驱走电气柜内的潮气，以保证电子元器件的性能稳定、可靠。

7. 数控车床常见的操作故障

数控车床的故障种类繁多，有电气、机械、系统、液压和气动等部件的故障，产生的原因也比较复杂，但很大一部分故障是由于操作人员操作机床不当引起的。数控车床常见的操作故障如下：

1）防护门未关，机床不能运转。

2）机床未回零。

3）主轴转速超过最高转速限定值。

4）程序内没有设置 F 或 S 值。

5）进给修调 F% 或主轴修调 S% 开关设为空档。

6）回零时离零点太近或回零速度太快，引起超程。

7）程序中 G00 位置超过限定值。

8）刀具补偿测量设置错误。

9）刀具换刀位置不正确（换刀点离工件太近）。

10）G40 撤销不当，引起刀具切入已加工表面。

11）程序中使用了非法代码。

12）刀具半径补偿方向搞错。

13）切入、切出方式不当。

14）切削用量太大。

15）刀具钝化。

16）工件材质不均匀，引起振动。

17）机床被锁定（工作台不动）。

18）工件未夹紧。

19）对刀位置不正确，工件坐标系设置错误。

20）使用了不合理的 G 功能指令。

21）机床处于报警状态。

22）断电后或报过警的机床，没有重新回零。

任务 2 数控车床基本操作方法

学习目标

1）掌握数控车床操作面板、按键功能与显示界面功能。

2）掌握典型数控车床的基本操作方法。

任务布置

1）认真学习数控车床程序结构和格式。

2）认真学习典型数控车床操作面板上的按键、旋钮功能。

3）学习并掌握数控车床基本操作方法。

相关知识

1. 数控车床坐标系与运动方向

数控车床的坐标系统包括坐标系、坐标原点和运动方向。建立车床的坐标系是为了确定刀具或工件在车床中的位置，确定车床运动部件的位置及运动范围。

（1）数控车床坐标系 数控车床的坐标系采用右手笛卡儿直角坐标系，如图 1-1 所示。基本坐标轴为 X、Y、Z，相对于每个坐标轴的旋转运动坐标轴为 A、B、C。大拇指方向为 X 轴的正方向，食指为 Y 轴的正方向，中指为 Z 轴的正方向。

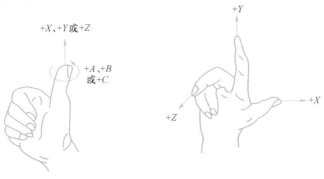

图 1-1 直角坐标系

（2）坐标轴及其运动方向　车床的运动是指刀具和工件之间的相对运动，一律假定工件静止，刀具在坐标系内相对工件运动。

1）Z 轴的确定。Z 轴定义为平行于车床主轴的坐标轴，其正方向为刀具远离工作台的运动方向。

2）X 轴的确定。X 轴为水平的、平行于工件装夹面的坐标轴，对于数控车床来说，X 坐标的方向在工件的径向上，且平行于横滑座。刀具离开工件旋转中心的方向为 X 轴正方向。

3）Y 轴的确定。Y 轴垂直于 X、Z 坐标轴。当 X 轴、Z 轴确定之后，按笛卡儿直角坐标系右手定则来确定。

4）旋转坐标轴 A、B 和 C。旋转坐标轴 A、B 和 C 的正方向相应地在 X、Y、Z 坐标正方向上，按右手螺旋前进的方向来确定。

（3）坐标原点

1）车床原点。车床原点又称机械原点，它是车床坐标系的原点。该点是车床上的一个固定点，是车床制造商设置在车床上的一个物理位置，通常不允许用户改变。车床原点是工件坐标系、车床参考点的基准点。

2）车床参考点。车床参考点是车床制造商在车床上用行程开关设置的一个物理位置，与车床原点的相对位置是固定的，车床出厂之前由车床制造商精密测量确定。

3）程序原点。程序原点是编程人员在数控编程过程中定义在工件上的几何基准点，有时也称为工件原点，是由编程人员根据情况自行选择的。车床的工件原点如图1-2所示。

4）选择工件原点的原则。选在工件图样的基准上，以利于编程；选在尺寸精度高、表面粗糙度值小的工件表面上；选在工件的对称中心上（一般选在工件右端面中心）；以便于测量和验收。

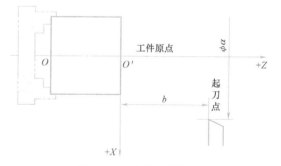

图 1-2　车床的工件原点

2. 程序结构与格式

（1）程序的组成　每种数控车床的控制系统不同，结合车床本身特点及编程的需要，都有一定的程序格式。因此，编程人员必须严格按照车床说明书的规定格式进行编程。

一个完整的程序一般由程序号和程序内容两部分组成。例如：

程序号　　O0100；

程序内容　N10 G00 X100 Z100；

　　　　　N20 M03 S500；

　　　　　N30 T0101；

　　　　　N40 G00 X20 Z2；

　　　　　……

　　　　　N100 G00 Z100；

N110 M30;

在上面的程序中，O0100 表示程序名，即程序号；N10~N110 程序段是程序内容；N110 程序段表示程序结束且复位。

程序号是程序的开始部分，每个独立的程序都要有一个自己的程序编号，在编号前采用程序编号地址码。在 FANUC 系列数控系统中，程序编号地址是用英文大写字母"O"表示；在 Siemens 系列数控系统中，程序编号地址是用符号"%"表示。

程序内容包含加工前车床状态的要求和刀具加工零件时的运动轨迹。

1）加工前车床状态的要求。该部分一般由程序前面几个程序段组成，通过执行该部分的程序，完成指定刀具的安装、刀具参数补偿、旋转方向及进给速度，以什么方式、什么位置切入工件等一系列切削准备工作。

2）刀具加工零件时的运动轨迹。该部分用若干程序段描述被加工工件表面的几何轮廓，完成被加工工件表面轮廓的切削加工。

3）准备结束程序。该部分的程序内容是当刀具完成对工件的切削加工后，刀具以什么方式退出切削，退出切削后刀具停留在何处，车床处在什么状态等，并以 M02 或 M30 结束整个程序。

（2）程序段的格式　由上面的介绍可知，每一行程序为一个程序段。程序段中包含：刀具指令、车床状态指令、车床坐标轴运动方向指令等各种信息代码。不同的数控系统往往有不同的程序格式。数控车床的程序段格式为字地址可变程序段格式。

字地址可变程序段格式如下：

| N | G | X   Y   Z | F   S   T | M |
| 程序段号 | 准备功能 | 运动坐标 | 工艺性指令 | 辅助功能 |

由以上程序段格式可知，每个程序段的开头是程序段的序号，以字母 N 和 4 位（有的数控系统不用 4 位）数字表示；接着是准备功能指令，由 G 和两位数字组成；再接着是运动坐标；如有圆弧半径 R 等尺寸，放在运动坐标后；在工艺性指令中，F 指令为进给速度，S 指令为主轴转速，T 指令为刀具号；M 为辅助功能指令；还可以有其他的附加指令。

程序段通常具有以下特点：

1）程序长度可变。

例如：N1 G17 T1;

N2 G00 Z100;

……

N6 G41 G46 A5 X10 Y5 G00 G61 M60;

上述 N1、N2 程序段由两个字组成，而 N6 程序段由 8 个字组成，即这种格式输出的各个程序段长度是可变的。

2）不同组的代码在同一程序段内可同时使用。例如 N6 程序段中的 G41、G46、G00、G61 代码，由于其含义不同，可在同一程序段内同时使用。

3）不需要的或与上一段程序相同功能的字可省略不写。

例如：O0001　　　　　　　　　　O0002

N1 G00 Z100;　　　　　　　　N1 G00 Z100;

N2 T0101;　　　　　　　　　　N2 T0101;

N3 M03 S1000；　　　　　　　N3 M03 S1000；

N4 G00 X50 Z2；　　　　　　　N4 G00 X50 Z2；

N5 G01 Z-10 F0.2；　　　　　N5 G01 Z-10 F0.2；

N6 G01 X100；　　　　　　　　N6 X100；

N7 G01X100 Z-40；　　　　　　N7 Z-40；

N8 G01 X0 Z-40；　　　　　　　N8 X0；

程序 O0001 和 O0002 两条程序是等效的。O0001 中的 N5 程序段已经给出 G01 指令，而后面各段也均执行 G01 指令，故在 N6～N8 程序中可省略 G01，如程序 O0002。

同样，N2 程序段中的 T0101，N3 程序段中的 S1000，N5 程序段中的 F0.2，在下面的程序段中都是指选择 1 号刀具 1 号刀补，主轴转速为 1000r/min，进给量为 0.2mm/r，故可省略。

3. 程序字的功能类别

工件加工程序是由程序段构成的，每个程序段由若干个程序字组成，每个字是数控系统的具体指令，它是由表示地址的英语字母（表示该字的功能）、特殊文字和数字集合而成。

（1）程序字的结构　程序字通常是由地址和跟在地址后的若干位数字组成的（在数字前缀以符号"+""-"）。例如，G17、T0101、X318.503 和 Y-170.891。

（2）字的分类　根据各种数控装置的不同特性，程序字基本上可以分为尺寸字和非尺寸字两种。例如，G17、T0101 就是非尺寸字。非尺寸字地址的字母见表 1-2。尺寸字地址的字母见表 1-3。在编制 FANUC 数控车床程序时，常用的准备功能 G 代码见表 1-4，常用的辅助功能 M 代码见表 1-5。

表 1-2　非尺寸字地址字母表

机能	地址	意义
程序段顺序号	N	顺序地址符字母
准备功能	G	由 G 后面两位数字决定该程序段意义
进给功能	F	刀具进给功能
主轴转速功能	S	指定主轴转速
刀具功能	T	指定刀具号
辅助功能	M	指定车床上的辅助功能

表 1-3　尺寸字地址字母表

机能	地址	意义
尺寸字地址字母	X、Y、Z	坐标值绝对地址指令
	U、V、W	坐标值增量地址指令
	A、B、C	附加回转轴地址指令
	I、J、K	圆弧起点相对于圆弧中心的坐标指令

（3）部分程序字的编程要点

1）主轴功能（S 代码）。主轴功能也称主轴转速功能。S 代码后的数值为主轴转速，一般为整数，单位为转速单位（r/min）。例如，S500 表示主轴转速为 500r/min。

2）刀具功能（T代码）。T代码用于选择刀库中的刀具，其编程格式因数控系统不同而异，主要格式由地址功能码T和其后的若干位数字组成。例如，T0202表示选择第2号刀，2号偏置量；T0300表示选择第3号刀，刀具偏置取消。

3）进给功能（F代码）。F代码后面的数值表示刀具的运动速度，单位为mm/min（直线进给率）或mm/r（旋转进给率），数控车床上常用mm/r，例如F0.2，表示工件每转一周，刀具向前进给0.2mm。

表1-4 FANUC系统常用G代码表

G代码	功能	G代码	功能
*G00	快速定位	G56	选择工件坐标系3
G01	直线插补	G57	选择工件坐标系4
G02	圆弧插补(CW,顺时针)	G58	选择工件坐标系5
G03	圆弧插补(CCW,逆时针)	G59	选择工件坐标系6
G04	暂停	G70	精加工循环
G18	ZX插补平面选择	G71	内外圆粗车循环
G20	英制输入	G72	台阶粗车循环
G21	米制输入	G73	成形重复循环
G27	参考点返回检查	G74	Z向端面钻孔循环
G28	参考点返回	G75	X向外圆/内孔切槽循环
G30	回到第二参考点	G76	螺纹切削复合循环
G32	螺纹切削	G90	内外圆固定切削循环
*G40	刀尖半径补偿取消	G92	螺纹固定切削循环
G41	刀尖半径左补偿	G94	端面固定切削循环
G42	刀尖半径右补偿	G96	恒线速度控制
G50	坐标系设定/恒线速最高转速设定	*G97	恒线速度控制取消
*G54	选择工件坐标系1	G98	每分钟进给
G55	选择工件坐标系2	*G99	每转进给

注：*表示初始G代码，由机床参数设定。

表1-5 FANUC系统常用M代码表

M代码	功能	M代码	功能
M00	程序停止	M09	切削液停
M01	选择性程序停止	M10	液压卡盘放松
M02	程序结束	M11	液压卡盘卡紧
M30	程序结束复位	M40	主轴空档
M03	主轴正转	M41	主轴1档
M04	主轴反转	M42	主轴2档
M05	主轴停	M98	子程序调用
M08	切削液起动	M99	子程序结束

4. FANUC 0i-TC 数控车床操作面板及功能

（1）数控车床操作面板各按钮功能　FANUC 0i-TC 数控车床操作面板如图 1-3 所示，面板上主要包括键盘区和其他按钮，各按钮功能说明见表 1-6。

面板
总体介绍

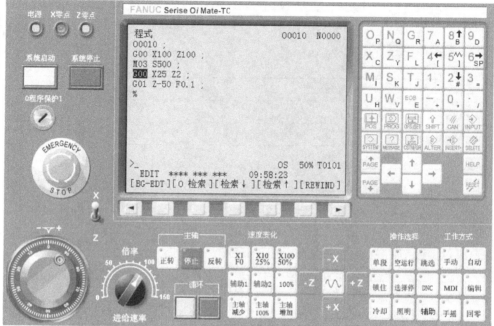

图 1-3　FANUC 0i-TC 数控车床操作面板

表 1-6　FANUC 0i-TC 数控车床操作面板各按钮功能

旋钮或键	名称	功　能　简　介
电源	电源指示灯	当电源指示灯亮时，机床处于通电状态
系统启动	系统启动（白色）	打开系统电源
系统停止	系统停止（红色）	关闭系统电源
0程序保护1	程序保护开关	钥匙开关置于 1 上，程序可编辑；如置于 0 上，则禁止编辑程序

（续）

旋钮或键	名称	功 能 简 介
	急停按钮	按下急停按钮,机床所有轴运动立即停止
	手轮 X,手轮 Z	按钮置于"Z"时,手轮操作轴设为 Z 轴;按钮置于"X"时,手轮操作轴设为 X 轴
	手轮	在手动方式下精确控制机床的 Z 轴、X 轴移动
	进给速率	调节数控程序自动运行时的进给速度 F 的倍率(0～150%)
	主轴正转、停止、反转	手动方式下,分别按下正转、停止、反转按钮,主轴分别开始正转、停止、反转
	循环启动(白色)	程序运行开始或继续运行被暂停的程序

（续）

旋钮或键	名称	功 能 简 介
循环	循环暂停(红色)	在程序运行过程中按下此按钮,程序运行暂停
速度变化 X1 F0 X10 25% X100 50%	进给速率选择按钮	在手动或手轮方式下,用于选择快速或手轮每格移动量
辅助1 辅助2 100%	辅助按钮	未定义,根据用户需要增加功能
主轴减少 主轴100% 主轴增加	主轴倍率修调	调节主轴运转时的转速
-X -Z ∿ +Z +X	移动方向按钮	手动方式下,按下相应的轴和方向,控制机床向相应的轴方向移动
∿	快速按钮	手动方式下按下此按钮后,同时按下移动方向按钮,可快速移动机床
单段	单段	按下此按钮,运行程序时每次执行一个程序段

（续）

旋钮或键	名称	功能简介
空运行	空运行	用于程序校验
跳选	跳选	按下此按钮时,数控程序中带符号"/"的程序段跳过(不执行)
锁住	锁住	Z、X 方向轴全部被锁定,当此键被按下时,机床不能移动
选择停	选择停	按下此按钮时,程序中的 M01 生效,自动运行暂停
DNC	直接数据控制（Direct Number Control）	从输入设备读入程序,使数控机床运行
冷却	切削液	控制冷却泵起动/停止
照明	照明	控制照明灯亮/灭
手动	手动方式	用手动方式控制轴向连续移动
自动	自动方式	自动加工
MDI	手动数据输入（Manual Data Input）	执行单一命令

（续）

旋钮或键	名称	功 能 简 介
编辑	编辑方式	编辑程序
手摇	手摇方式	通过手轮控制轴向移动
回零	回零方式	机床回零建立机床坐标系

（2）数控车床操作键盘　FANUC 0i-TC 数控车床操作键盘在操作面板的右上角，是数控车床操作面板的主要操作区。操作键盘如图 1-4 所示。

图 1-4　操作键盘

键盘上各按键的含义说明见表 1-7。

表 1-7 键盘上各按键的含义说明

序号	名称	说 明
1	RESET 复位键	按此键可使 CNC 系统复位，用以消除报警等
2	HELP 帮助键	按此键用来显示如何操作机床（帮助功能）
3	地址和数字键	按这些键可输入字母、数字以及其他字符
4	SHIFT 换档键	在有些键上有两个字符。按 SHIFT 键来选择字符，当一个特殊字符 "^" 在屏幕上显示时，表示键面右下角的字符可以输入
5	INPUT 输入键	当按了地址键或数字键后，数据被输入到缓冲器，并在 CRT 屏幕上显示出来。为了把键入到缓冲器中的数据复制到寄存器，按 INPUT 键
6	CAN 取消键	按此键可删除已输入到缓冲器的最后一个字符或符号 当显示键入缓冲器数据为">N001×100Z_"时，按 CAN 键，则字符 Z 被取消，即显示">N001×100"
7	程序编辑键 ALTER INSERT DELETE	当编辑程序时，按这些键 ALTER :替换； INSERT :插入； DELETE :删除
8	功能键 POS PROG 等	这些按键用于切换各种功能显示画面
9	光标移动键	这是四个不同的光标移动键 → :该按键用于将光标朝右或前进方向移动。按短单位移动 ← :该按键用于将光标朝左或倒退方向移动。按短单位移动 ↓ :该按键用于将光标朝下或前进方向移动。按大单位移动 ↑ :该按键用于将光标朝上或倒退方向移动。按大单位移动

（续）

序号	名称	说　明
10	翻页键 ![PAGE↑] ![PAGE↓]	这两个键的说明如下： ![PAGE↑]：该按键用于在屏幕上朝前翻一页 ![PAGE↓]：该按键用于在屏幕上朝后翻一页

（3）功能键和软键　图 1-5 所示为功能键，功能键用于选择显示的屏幕（功能）类型，即显示屏幕内容。各功能键含义见表 1-8。

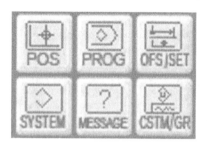

图 1-5　功能键

图 1-6　操作软键示意图

表 1-8　各功能键含义

图标	含　义	图标	含　义
POS	显示位置界面	SYSTEM	显示系统界面
PROG	显示程序界面	MESSAGE	显示信息界面
OFS/SET	显示刀偏/设定（SETTING）界面	CSTM/GR	显示用户宏界面（会话式宏界面）或显示图形界面

软键位于显示屏下方，如图 1-6 所示。根据 CRT 界面最后一行所显示的内容不同，软键表示的按键内容也不同，按了功能键之后，再按软键，与已选功能相对应的内容就被选中（显示）。

为了显示更详细的界面，在按了功能键之后紧接着按软键。按功能键可进行界面间切换，它们被频繁地使用。数控车床各种显示界面有如下几种：

1）程序界面显示。显示当前正在执行的程序的步骤为：按功能键 PROG 显示程序界面→按章节选择软键 [PRGRM]，则光标定位到当前正在执行的程序段内容，如图 1-7 所示，其中，O0010 为当前程序号，N0000 为运行中的顺序号。按章节选择软键 [DIR]，则显示程序目录，如图 1-8 所示。

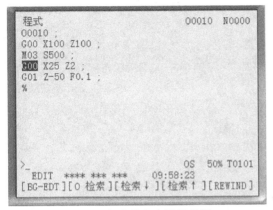

图 1-7 程序段内容显示界面

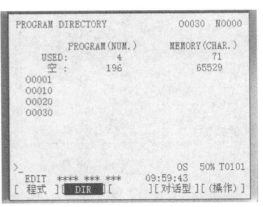

图 1-8 程序目录显示界面

2) 当前位置显示。用坐标值显示刀具的当前位置的步骤为：按功能键 POS→按软键 [绝对]，则显示绝对坐标，如图 1-9 所示；如按软键 [相对]，则显示增量坐标；如按软键 [综合]，则显示所有坐标。

POS 功能键

3) 报警信息显示。若操作时发生故障，则在 CRT 屏幕上显示出错代码和报警信息，如图 1-10 所示。

MESSAGE 功能键

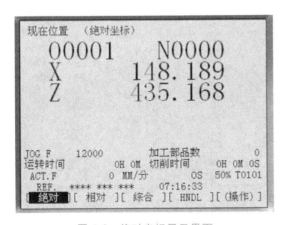

图 1-9 绝对坐标显示界面

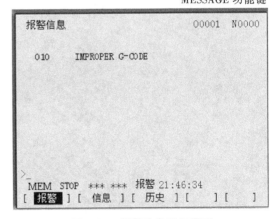

图 1-10 报警信息显示界面

4) 显示刀偏/设定 (SETTING) 界面。当需要显示或设定刀具补偿值时，操作步骤为：在 手动 方式下按功能键 OFS/SET→按软键 [刀补]，系统显示刀具补偿界面→按软键 [形状]，系统显示刀具几何补偿值，如图 1-11 所示。按软键 [磨耗]，系统显示刀具磨损补偿值，如图 1-12 所示。

OFS 功能键

在设定 (SETTING) 界面上，可以设定 TV 校验等数据。在该界面上，操作者可以设定允许/禁止参数的写入，允许/禁止编辑程序时自动插入顺序号，设定顺序号比较和停止功能。

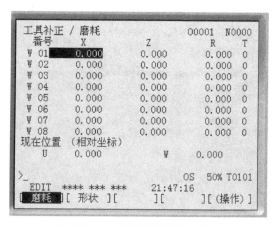

图 1-11　刀具几何补偿显示界面　　　　图 1-12　刀具磨损补偿显示界面

操作步骤为：按方式键 |MDI| →按功能键 |OFS/SET| →按软键［SETTING］，显示设置数据界面→按下翻页键，选择所需数据界面，如图 1-13 所示。

数控系统可以显示各种运行时间、需要加工的工件数和已加工的工件数，这些数据可由参数设定或在此界面下设定（除了已加工工件的总数和上电后运行时间，它们只能由参数设定）。该界面也可显示时钟时间，可在此界面下设定时间。

操作步骤为：选择 |MDI| 方式→按下功能键 |OFS/SET| →按下软键［SETTING］→连续按翻页键，直至显示如图 1-14 所示的界面。

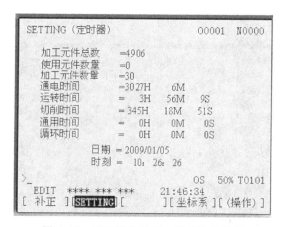

图 1-13　设定数据界面　　　　　　图 1-14　显示运行时间、零件数量界面

SYSTEM 功能键

5）显示系统界面。机床和 CNC 系统连接时，必须设定参数以定义机床的功能和规格，从而能充分利用伺服电动机的特性。参数的设定取决于机床，参见机床生产厂家的参数表。通常，用户不需要改变参数。

显示参数的步骤为：按下功能键 |SYSTEM| →按软键［PARAM］显示参数界面，如图1-15所示→按翻页键或上下光标键，将光标移动到所需显示的参数号处。

6）图形显示。自动运行的刀具移动轨迹可用图形模拟显示，从而指示出切削过程以及刀具位置，以验证所编程序的正确性。进行图形模拟的步骤为：选择所要模拟的程序→按

$\boxed{自动}$键→$\boxed{空运行}$键→$\boxed{锁住}$键→$\boxed{循环启动}$键，则显示程序加工图形，如图1-16所示。

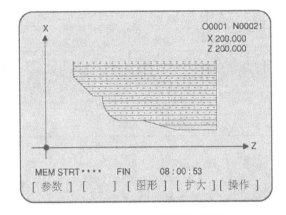

图1-15 系统参数界面　　　　图1-16 程序加工图形显示界面

（4）方式选择键　如图1-3所示，车床操作面板右下角"工作方式"区为方式选择键，即操作数控车床的不同方式选择键。各方式选择键的含义见表1-6。

（5）键盘数字区　按地址键和数字键时，对应该键的字符值被键入到缓冲器。键入到缓冲器的内容显示在屏幕的底部，如图1-17所示。为了表示是键入的数据，在它的前面显示一个">"符号。在键入数据的尾部显示一个"-"，表示下一个字符输入的位置。

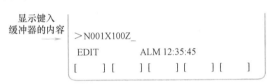

图1-17 键入缓冲器的内容

对于一个键面上刻有两个字符的按键，为了输入其中的下行字符，先按$\boxed{SHIFT}$键，再按该键。当按$\boxed{SHIFT}$键时，指示下一个字符键入位置的符号"-"变为"∧"，此时即可输入下面的字符了（换档状态）。在换档状态下输入完字符后，换档状态就被取消。如果在换档状态下又按了$\boxed{SHIFT}$键，换档状态就被取消。

在缓冲器中一次最多可输入32个字符。

按一次$\boxed{CAN}$键可取消最后键入缓冲器中的一个字符或符号。例如，当键入缓冲器显示：>N001X100Z，按$\boxed{CAN}$键，可删除Z字符，并显示为：>N001X100。

以MDI方式输入字符或数字之后，按$\boxed{INSERT}$键输入程序，同时执行数据检查。

若输入数据不正确或操作错误时，一个闪烁的警告信息将在状态显示行上显示，如图1-18所示。常见的警告信息见表1-9。

图1-18 显示警告信息

表 1-9　常见的警告信息

警告信息	内　　容
FORMAT ERROR	格式不正确
WRITE PROTECT	因数据保护键起作用或参数不允许写入,使键无效
DATA IS OUT OF RANGE	输入值超过了允许范围
TOO MANY DIGITS	输入值超过了允许的位数
WRONG MODE	在非 MDI 方式下操作,不允许参数输入
EDIT REJECTED	在当前 DNC 状态下不允许进行编辑

（6）操作选择键　如图 1-3 所示，车床操作面板下方"操作选择"区为操作数控车床的不同操作选择键。各操作选择键的含义见表 1-6。

5. 数控车床基本操作方式

（1）数控车床的起动　数控车床的起动步骤如下：

1）检查 CNC 机床外表是否正常。例如，检查前门和后门是否已关闭。

2）将数控车床背面旋转开关置于"ON"状态，接通电源。

3）在操作面板上按 系统启动 键。

4）在电源接通后，检查位置界面的显示如图 1-19 所示。按软键［综合］，则检查位置界面的显示如图 1-20 所示。

5）检查风扇电动机是否旋转。

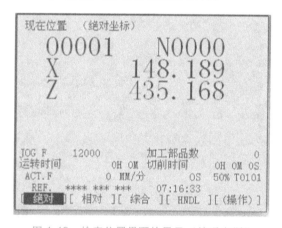

图 1-19　检查位置界面的显示（接通电源）

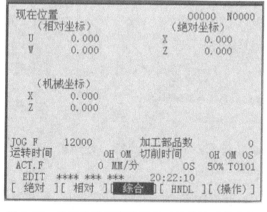

图 1-20　检查位置界面的显示（按软键［综合］）

警告：电源接通后，在位置界面或报警界面出现之前，不要触碰按键。某些按键是用于维护或专用的，当它们被按时，可能会发生故障。

（2）数控车床的停止　数控车床的停止步骤如下：

1）检查操作面板上循环启动的 LED 指示灯，循环启动应在停止状态。

2）检查 CNC 机床的所有可移动部件是否都处于停止状态。

3）按 系统停止 键。

4）切断数控车床背面电源。

（3）机床回参考点　参考点是机床上的一个固定点，可用作自动换刀的位置。在数控机床起动后，需对机床执行回零操作。操作步骤为依次按 回零 → +X → +Z 键。

（4）主轴的起动与停止　主轴的起动方式有如下两种：

1）首次起动主轴步骤：选择 MDI 操作方式进入手动数据输入状态→键入 S500M03; →按 循环启动 键。

2）非首次起动主轴方法：在 手动 方式下，按主轴 正转 或 反转 键。

手动方式

主轴的停止方式为：按下主轴 停止 键或 复位 键。

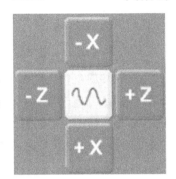

（5）手动操作移动坐标轴　在手动移动坐标轴方式下，按机床操作面板上的进给轴和方向选择键，如图1-21所示，机床沿选定轴的选定方向移动。手动连续进给速度可用手动进给速率旋钮调节；也可同时按快速移动按键，以快速移动速度移动机床。手动操作通常一次移动一个轴。

手动进给步骤如下：

1）按 手动 键。

图 1-21　手动选择键

2）按进给轴和方向选择键，如图1-21所示，则机床沿相应轴的相应方向移动。在按键被按期间，机床按设定的进给速度移动。按键一释放，机床就停止。

3）手动连续进给速度可由手动连续进给速率旋钮调整。

4）若在按进给轴和方向选择键期间同时按了中间的快速移动按键，则机床按快速移动速度运动。在快速移动期间，快速移动倍率有效。

手摇（手轮）方式：在手摇移动坐标轴方式下，可通过旋转机床操作面板上的手轮（手摇脉冲发生器）来移动坐标轴，如图1-22、图1-23所示。手摇脉冲发生器每旋转一个刻度时，刀具的移动量由手轮进给倍率旋钮控制。×1为0.001mm，×10为0.01mm，×100为0.1mm。

手摇方式

手轮进给步骤为：按 手摇 键，设置手轮操作轴选择X或Z，选择机床要移动的轴。按手轮进给倍率按钮，设定手摇脉冲发生器转过一个刻度时机床的移动量。旋转手轮，机床沿选择轴移动。

图 1-22　手轮

图 1-23　手轮进给倍率按键（上面一行）

MDI 功能

（6）MDI 操作（手动数据输入）以 MDI 方式输入程序称为手动数据输入。在 MDI 方式下，用面板上的键在程序显示界面可编制最多 10 行程序段（与普通程序的格式一样），然后执行。MDI 运行用于简单的测试操作。在 MDI 方式中建立的程序不能存储。MDI 运行的步骤如下：

1）按 MDI 方式选择键。

2）按 PROG 功能键选择程序界面，出现手动数据输入程序界面，如图 1-24 所示，系统自动输入程序号 O0000。

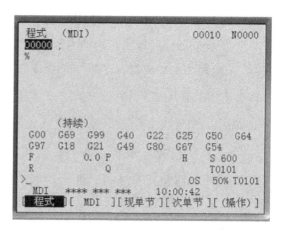

图 1-24　手动数据输入程序界面

3）与普通程序编辑方法类似，编制要执行的程序，注意最后要加入程序段结束符号 EOB （；）。在 MDI 方式中建立的程序，字的插入、修改、删除、字检索、地址检索以及程序检索都是有效的。

4）为了执行程序，需将光标移到程序头（也可以从中间开始）。按操作面板上的 循环启动 键，程序开始执行。当执行到程序结束代码（M02，M30）或 ER （％）时，程序自动运行结束。如果用 M99 指令，程序执行后返回到程序的开头。

5）为了中途停止 MDI 运行，按机床操作面板上的 循环暂停 键。循环暂停 灯亮而 循环启动 灯灭。

6）如果中途终止 MDI 运行，按操作面板上的 RESET 键，自动运行结束并进入复位状态。

在 MDI 方式中执行的程序可删除，删除的方法见表 1-10。

表 1-10　MDI 方式中删除程序的方法

序号	方法	序号	方法
1	在 MDI 方式中，执行了 M02,M30 或 ER（％）之后	3	按 O 和 DELETE 键时
2	在 MEMORY 方式中，存储器运行完成时	4	进行复位时

PROG 功能键

（7）程序的编辑与管理

1）程序的创建、选择和删除。新程序的创建方法为：选择 编辑 方式，进入程序编辑模式→按 PROG 键，显示程序界面→键入新程序名 O nnnn→按 INSERT 键，则新程序名被输入。

选择已有程序的方法为：选择 编辑 方式，进入程序编辑模式→按 PROG 键，显示程序界面→键入要选择的程序名 Onnnn→按 ［搜索］软键，则相应的程序被选择。

删除已有程序的方法为：选择 编辑 方式，进入程序编辑模式→按 PROG 键，显示程序界面→键入要删除程序名 Onnnn→按 DELETE 键，则相应的程序被删除。如需删除指定范围内的多个程序，则将要删除的程序名改为 Oxxxx，Oyyyy 即可。其中 xxxx 为指定范围的起始号，yyyy 为结束号。如需删除全部程序，则将要删除程序名改为 O—9999 即可。

2）字的编辑。字的插入方法为：选择 编辑 方式，进入程序编辑模式→按 PROG 键，显示程序界面→移动光标至需插入字的位置→键入要插入的字，如 G00X10 ；→按 INSERT 键，则在光标位置后插入所键入的字。

字的修改方法为：选择 编辑 方式，进入程序编辑模式→按 PROG 键，显示程序界面→移动光标至需修改字的位置→键入要替换的字，如 G00X10 →按 ALTER 键，则在光标位置的字被所键入的字替换。

字的删除方法为：选择 编辑 方式，进入程序编辑模式→按 PROG 键，显示程序界面→移动光标至需删除字的位置→按 DELETE 键，则在光标位置的字被删除。

（8）图形模拟　数控车床可以在机床显示屏界面上显示程序的刀具轨迹，通过观察屏显的轨迹可以检查加工过程。显示的图形界面可以放大/缩小。显示刀具轨迹前必须设定画图坐标（参数）和绘图参数。

在数控机床上进行图形模拟的步骤如下：

1）按功能键 CSTM/GR →按软键 ［参数］，则显示绘图参数界面，如图 1-25 所示。

2）用光标键将光标移动到所需设定的参数处。

3）输入数据，然后按 INPUT 键。

4）按下软键 ［图形］。

5）按下 自动 键→ 空运行 键→ 锁住 键→ 循环启动 键。启动程序运行，于是在界面上绘出刀具的运动轨迹，图形显示界面如图 1-26 所示。

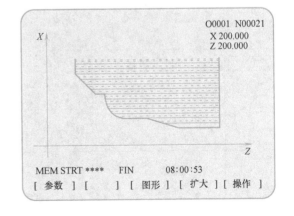

图 1-25　绘图参数界面　　　　　　　　　图 1-26　图形显示界面

为了更好地检查编制的程序，图形可整体或局部放大。图形放大操作步骤为：按 CSTM/GR 功能键→按 ［扩大］ 软键，显示放大图界面，界面有两个放大光标（■）。用两个放大光标定义的对角线矩形区域被放大到整个界面→用光标键 ↑ 、↓ 、→ 、← 移动放大光标→按［上／下］软键切换两个放大光标的移动→按［实行］软键→重新按 循环启动 键，则显示放大图形。

（9）自动加工　数控机床按程序运行进行零件加工，称为自动加工，是存储器运行存储在 CNC 系统存储器中的程序的运行方式。存储器运行的操作步骤如下：

1）按 PROG 键显示程序界面，按地址键 O 和数字键输入所选程序号，按［搜索］软键，则从存储的程序中选择了相应程序。在程序中注意将光标移至程序头。

2）按 自动 键。

3）按机床操作面板上的 循环启动 键，开始自动运行，而且循环启动灯点亮。程序运行结束后，循环启动灯灭。

4）如果中途结束存储器运行，按操作面板上的 RESET 键，程序自动运行结束并进入复位状态。当在运行期间被复位时，移动减速然后停止。

图 1-27　进给速率旋钮

关于存储器运行的说明如下：

1）在自动运行时，可通过进给速率旋钮调整进给率，如图 1-27 所示。

2）存储器运行开始后将执行表 1-11 所示的步骤。

表 1-11　存储器运行的步骤

序号	执 行 内 容	序号	执 行 内 容
1	从指定程序中读入一段指令	4	读入下一个程序段指令
2	程序段指令被译码	5	执行缓冲，即对指令进行译码以便执行
3	开始执行指令	6	前一个程序段执行之后立即执行下一个程序段

3）停止和结束存储器运行的方法有很多，总结见表 1-12。

表 1-12　存储器运行的停止和结束方法总结

序号	操作方法	内容说明
1	程序停机指令 M00	当程序停止之后，所有的模态信息保持不变，如同单程序段运行一样。可用循环启动键恢复存储器运行
2	任选停机指令 M01	这一指令代码只在机床操作面板上的选择停键启用时才有效
3	程序结束指令 M02，M30	存储器运行结束并进入复位状态
4	循环暂停键	在存储器运行期间，按操作面板上的循环暂停键，刀具减速停止。可通过循环启动键恢复运行
5	复位键	停止自动运行并使系统进入复位状态
6	跳过任选程序段	当机床操作面板上的跳选键启用时，有斜线（／）符号的程序段被忽略

知识补充

1. FANUC 0i T 标准面板

图 1-28 所示为 FANUC 0i T 标准面板，面板上各按键的含义见表 1-13。

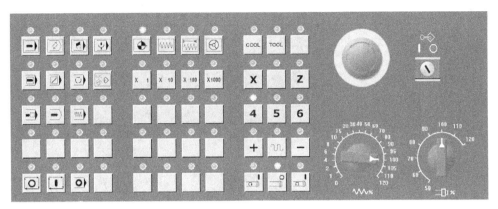

图 1-28　FANUC 0i T 标准面板

表 1-13　FANUC 0i T 标准面板上各按键的含义

序号	按键	名称
1		自动
2		编辑
3		手动
4		文件传输
5		单步
6		程序段跳过
7		选择暂停
8		手动示教
9		程序重启动
10		机床锁住
11		空运行

（续）

序号	按键	名称
12		循环停止
13		循环启动
14		M00 程序停止
15		回原点
16		手动进给方式（JOG）
17		手动脉冲方式（INC）
18		手轮进给（HNDL）
19	X 1	手动进给倍率 1
20	X 10	手动进给倍率 10
21	X 100	手动进给倍率 100
22	X 1000	手动进给倍率 1000
23		主轴正转
24		主轴停止
25		主轴反转

2. 南京第二机床厂 FANUC 0i MATE 面板

图 1-29 所示为南京第二机床厂 FANUC 0i MATE 面板，面板上各旋钮或按键的含义见表 1-14。

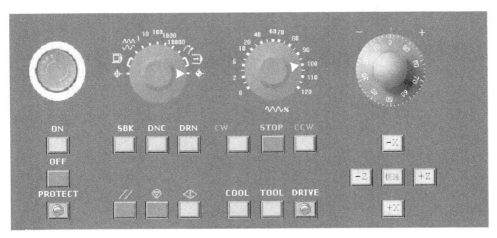

图 1-29 南京第二机床厂 FANUC 0i MATE 面板

表 1-14 南京第二机床厂 FANUC 0i MATE 面板上各旋钮或按键的含义

序号	旋钮或按键	名称	含义
1		模式	编辑
			MDI
			手动进给
			手动脉冲进给（倍率 1~10000）
			自动加工
			回原点
2		进给倍率	调节数控程序运行时的进给速度倍率（0~120%）
3		手轮	在手动方式下精确控制机床的 Z、X 轴移动

（续）

序号	旋钮或按键	名称	含义
4	ON	NC 系统开启	
5	OFF	NC 系统关闭	
6	PROTECT	程序保护	
7	SBK	单步	
8	DNC	文件传输	
9	DRN	空运行	
10		主轴正转	
11	STOP	主轴停止	
12		主轴反转	
13		复位	

（续）

序号	旋钮或按键	名称	含义
14		循环启动	
15		循环停止	
16	COOL	切削液	
17	TOOL	手动换刀	
18	DRIVE	机床锁住	

任务3　数控车床对刀操作

学习目标

1）掌握工件和刀具的安装与找正方法。

2）掌握数控车床对刀操作方法及参数设置。

3）掌握 MDI 方式对刀零点校验方法。

任务布置

1）将工件毛坯正确安装在自定心卡盘上。

2）正确安装刀具。

3）正确进行对刀，确定加工原点坐标，养成重视爱护数控设备的良好习惯。

4）正确进行 MDI 验证加工原点位置。

🎓 相关知识

1. 对刀原理

数控车削加工中，应首先确定零件的加工原点，以建立准确的加工坐标系，同时考虑刀具的不同尺寸对加工的影响。这些都需要通过对刀来解决。对刀是数控加工中的主要操作和重要技能。在一定条件下，对刀的精度可以决定零件的加工精度，同时对刀效率还直接影响数控加工效率。

一般来说，零件的数控加工编程和上机床加工是分开进行的。编程人员根据零件图样，选定一个方便编程的坐标系及其原点，称为程序坐标系和程序原点。程序原点一般与零件的工艺基准或设计基准重合，因此又称为工件原点。

编程人员按程序坐标系中的坐标数据编制刀具（刀位点）的运行轨迹。由于刀具的初始位置（机床原点）与程序原点存在 X 向偏移距离和 Z 向偏移距离，使得实际的刀尖位置与程序指令的位置有同样的偏移距离，因此，须将该距离测量出来并输入数控系统，使系统据此调整刀尖的运动轨迹。

所谓对刀，实际上就是测量程序原点与机床原点之间的偏移距离并设置程序原点在以刀尖为参照的机床坐标系里的坐标。

刀位点是指在加工程序编制中表示刀具特征的点，也是对刀和加工的基准点。对于数控车床，各类车刀外形如图 1-30 所示，各类车刀的刀位点如图 1-31 所示。

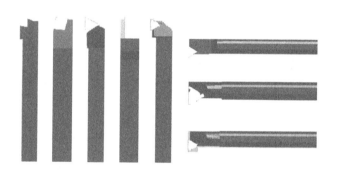

图 1-30 各类车刀外形

对刀是数控加工中的主要操作步骤。在运行程序前，调整每把刀的刀位点，使其尽量重合于某一理想基准点，这一过程称为对刀。理想基准点可以设定在刀具上，如基准刀的刀尖上；也可以设定在刀具外，如光学对刀镜内的十字刻线交点上。对刀的方法主要有以下几种。

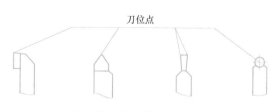

刀位点

图 1-31 各类车刀的刀位点

（1）一般对刀（手动对刀） 一般对刀是指在机床上使用相对位置检测手动对刀，如图 1-32 所示。手动对刀是基本对刀方法，但它还是没跳出传统车床的"试切→测量→调整"对刀模式，占用较多在机床上的时间。目前大多数经济型数控车床采用手动对刀，其基本方法有以下几种：

1）定位对刀法。定位对刀法的实质是按接触式设定基准重合原理而进行的一种粗定位对刀方法，其定位基准由预设的对刀基准点来体现。该方法简便易行，因而得到较广泛的应用。但其对刀精度受到操作者技术熟练程度的影响，一般情况下其精度都不高，还需在加工或试切中修正。

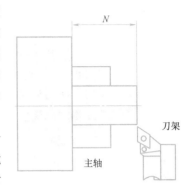
图 1-32 相对位置检测对刀

2）光学对刀法。这是一种按非接触式设定基准重合原理而进行的对刀方法，其定位基准通常由光学显微镜（或投影放大镜）上的十字基准刻线交点来体现。这种对刀方法比定位对刀法的对刀精度高，并且不会损坏刀尖，是一种推广采用的方法。

3）试切对刀法。在以上各种手动对刀方法中，均因可能受到手动和目测等多种误差的影响导致对刀精度十分有限，往往需要通过试切对刀来得到更加准确和可靠的结果。

（2）机外对刀法 机外对刀法的本质是测量出刀具假想刀尖点到刀具台基准之间 X 及 Z 方向的距离。利用机外对刀仪可将刀具预先在机床外校对好，装上机床后将对刀长度输入相应刀具补偿号即可以使用，如图 1-33 所示。

（3）自动对刀法 自动对刀法是通过刀尖检测系统实现的，刀尖以设定的速度向接触式传感器接近，当刀尖与传感器接触时发出信号，数控系统立即记下该瞬间的坐标值，并自动修正刀具补偿值。自动对刀过程如图 1-34 所示。

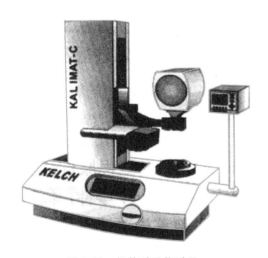
图 1-33 机外对刀仪对刀

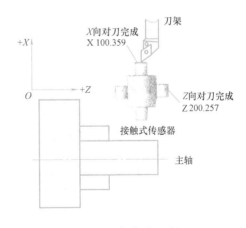
图 1-34 自动对刀过程

2. 对刀点和换刀点的位置确定

（1）对刀点的位置确定 用于确定工件坐标系相对于机床坐标系之间的关系，并与对刀基准点相重合的位置，称为对刀点。在编制加工程序时，其程序原点通常设定在对刀点位置上。在一般情况下，对刀点既是加工程序执行的起点，也是加工程序执行后的终点，该点的位置可由 G00、G50 等指令设定。

对刀点位置的选择一般遵循以下原则：

1）尽量使加工程序的编制工作简单、方便。

2）便于用常规量具在车床上进行测量，便于工件装夹。

3）该点的对刀误差较小，或可能引起的加工误差最小。

4）尽量使加工程序中的引入（或返回）路线短，便于换（转）刀。

5）应选择在与车床约定机械间隙状态（消除或保持最大间隙方向）相适应的位置上，避免在执行自动补偿时造成反向补偿。

（2）换刀点位置的确定　换刀点是指在编制数控车床多刀加工的程序时，相对于车床固定原点而设置的一个自动换刀的位置。

换刀点的位置可设定在程序原点、车床固定原点或浮动原点上，其具体的位置应根据工序内容而定。为了防止换刀时碰撞到被加工零件、夹具或尾座而发生事故，除特殊情况外，其换刀点几乎都设置在被加工零件的外面，并留有一定的安全距离。

对刀

3. 设定刀具偏置量

（1）Z轴偏置量的设定（车端面）

1）旋转主轴：按 MDI 键→按 PROG 键→键盘输入 M03S300; →循环启动。

2）在手动方式中用一把刀具切削工件右端面，如图1-35所示。

3）仅仅在X轴方向上退刀，退出工件右端面（注意：不要移动Z轴），停止主轴旋转。

4）按功能键 OFS/SET →按软键［补正］（［OFFSET］）→按软键［形状］（［GEOMETRY］），则显示零件偏置设置界面，如图1-36所示。

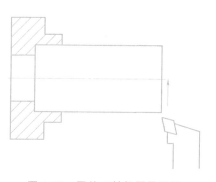

图1-35　零件Z轴偏置量设置

工具补正 / 形状			00001	N0000
番号	X	Z	R	T
G 01	0.000	0.000	0.000	0
G 02	0.000	0.000	0.000	0
G 03	0.000	0.000	0.000	0
G 04	0.000	0.000	0.000	0
G 05	0.000	0.000	0.000	0
G 06	0.000	0.000	0.000	0
G 07	0.000	0.000	0.000	0
G 08	0.000	0.000	0.000	0

现在位置　（相对坐标）
U　0.000　　　W　0.000

>_　　　　　　　　　　　　　　OS　50% T0101

EDIT **** *** ***　　　21:46:00
［补正］［SETTING］［　　］［坐标系］（操作）

图1-36　零件偏置设置界面

5）用翻页键或光标键移动光标，将光标移动至欲设定刀号的Z偏置号处。

6）按地址键 Z0 。

7）按软键［测量］（［MESURE］），则以测量值与程序编制的坐标值之间的差值作为偏置量被输入指定的刀偏号。

8）如直接设定补偿值，输入一个值并按软键［输入］（［INPUT］），则输入值替换原有值。为改变补偿值，输入一个值并按软键［+INPUT］，于是该值与当前值相加（也可设负值）。

9）如设定刀具磨损量，上述第3）步骤改为：按功能键 OFS/SET →按软键［补正］

（［OFFSET］）→按软键［磨耗］（［WEAR］），则显示刀具磨损偏置界面，如图1-37所示。

（2）X轴偏置量的设定（车外圆）

1）旋转主轴：按 MDI 键→按 PROG 键→键盘输入 M03S300； →循环启动 。

2）在手动方式中，用刀具切削工件外圆表面，如图1-38所示。

```
工具补正 / 摩耗              00001  N0000
 番号     X        Z        R       T
W 01   0.000    0.000    0.000    0
W 02   0.000    0.000    0.000    0
W 03   0.000    0.000    0.000    0
W 04   0.000    0.000    0.000    0
W 05   0.000    0.000    0.000    0
W 06   0.000    0.000    0.000    0
W 07   0.000    0.000    0.000    0
W 08   0.000    0.000    0.000    0
现在位置 （相对坐标）
  U    0.000         W      0.000

>_                      OS  50% T0101
 EDIT **** *** ***      21:47:16
[ 磨耗 ][ 形状 ][      ][      ][（操作）]
```

图1-37　刀具磨损偏置界面

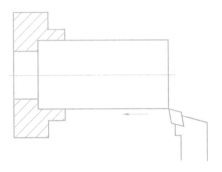

图1-38　零件X轴偏置量设置

3）仅仅在Z轴方向上退刀，不要移动X轴，停止主轴旋转。

4）测量工件外圆表面的直径值。

5）按功能键 OFS/SET →按软键［补正］（［OFFSET］）→按软键［形状］（［GEOMETRY］），则显示刀具补偿界面，如前所示。

6）用翻页键或光标键移动光标，将光标移动至欲设定刀号的X偏置号处。

7）按地址键X及所测量圆周表面的直径。

8）按软键［测量］（［MESURE］），则以测量值与程序编制的坐标值之间的差值作为偏置量被输入指定的刀偏号。

（3）验证对刀的正确性

1）检验Z向对刀的正确性。在 手摇 方式下将刀具在X向摇离工件一段距离；切换至 MDI 方式下，输入 T0101； G00Z0； 按 循环启动 键；切换至 手摇 方式，保持Z不变，在X方向摇刀具接近工件，看刀尖是否紧贴工件右端面。

2）检验X向对刀的正确性。在 手摇 方式下将刀具在Z向摇离工件一段距离；切换至 MDI 方式下，输入 T0101； G00X0； 按 循环启动 键；切换至 手摇 方式，保持X不变，Z方向摇刀具接近工件，看刀尖是否紧贴工件回转中心。

项目 2

印章的制作

任务1 圆柱销的编程与加工

 学习目标

1）能根据零件图样正确进行数值计算。

2）掌握绝对坐标、增量坐标编程方法。

3）能用 G00、G01 等编程指令正确编写圆柱销的加工程序。

4）能正确安装工件和外圆车刀。

5）能正确对刀，设置加工坐标原点并验证工件原点设置的正确性。

6）掌握车削零件常用量具的使用方法。

7）完成圆柱销的自动加工，掌握零件数控车削基本操作。

任务布置

试编程加工图 2-1 所示的圆柱销零件，零件毛坯为 $\phi20mm$ 铝棒。

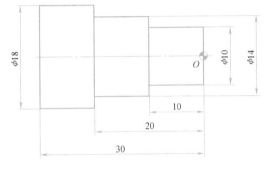

图 2-1 圆柱销零件

任务分析

完成该零件的数控加工需要以下步骤：

1）拟订该圆柱销零件的合理加工工艺。

2）该零件加工表面由端面和外圆柱面组成。正确使用 G00、G01 等指令编制工件轮廓加工程序。

3）输入程序并检验、单步执行、空运行、锁住完成零件模拟加工；选择车削加工常用的夹具（如自定心卡盘等）装夹工件毛坯；选择、安装和调整数控车床外圆车刀；进行 X、Z 向对刀，设定工件坐标系；选择自动工作方式，按程序运行进行自动加工，完成圆柱销零件表面的切削加工。

4）检测已加工零件，分析零件加工质量，对不足之处提出改进意见。

 案例体验

【例 2-1】 小阶梯轴零件如图 2-2 所示，工件毛坯为 $\phi30mm$ 棒料，试编制其加工程序，并在数控车床上加工出来。

（1）零件工艺分析

1）设定程序原点，以工件右端面与轴线的交点 A 为程序原点建立工件坐标系。

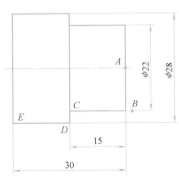

图 2-2 小阶梯轴零件

2）计算各点坐标：A（0，0），B（22，2），C（22，-15），D（28，-15），E（28，-30），F（100，100）。

3）选择刀具：选择93°外圆车刀车端面及外圆。

（2）参考程序 零件外圆车削加工参考程序见表2-1。

表2-1 零件外圆车削加工参考程序

程序内容	动作说明
O0211；	程序名
N10 G21 G40 G99；	米制输入，取消刀具半径补偿，每转进给
N20 T0101 M03 S500；	换01号刀具，读01号刀补，主轴转速500r/min
N30 G00 X28 Z2；	快速到达切削起始点，分层车削外圆
N40 G01 Z-30 F0.1；	
N50 X30；	
N60 G00 Z2；	
N70 X25；	分层车削外圆
N80 G01 Z-15 F0.1；	
N90 X30；	
N100 G00 Z2；	
N110 X22；	分层车削外圆
N120 G01 Z-15 F0.1；	
N130 X30；	
N140 G00 X100 Z100；	回换刀点
N150 M05；	主轴停转
N160 M30；	程序结束并且复位

（3）数控车床加工

1）在 编辑 方式下输入程序。

2）进行"图形模拟"操作，同时按 自动 、 空运行 、 锁住 键进行程序校验及修整。

3）在 手动 方式下安装刀具，对刀，建立刀补，并验证对刀的正确性。

4）在 自动 下启动程序，单步（ 单段 ）自动加工。

5）停车后，按图样要求检测工件，对工件进行误差与质量分析。

（4）安全操作和注意事项

1）装刀时，刀尖与工件中心高度对齐，对刀前，先将工件端面车平。

2）为保证加工尺寸的准确性，可分粗、精加工。

相关知识

1. 数控程序编制过程中的数值计算

根据零件图，按照已经确定的加工工艺路线和允许的编程误差，计算数控系统所需要输入的数据，称为数学处理。这是编程前重要的准备工作。

对图形的数学处理一般包括两个方面：一方面，要根据零件图给出的形状、尺寸和公差等直接通过数学方法计算出编程时所需要的有关各点的坐标值；另一方面，如果按照零件图给出的条件不能直接计算出编程时所需要的所有坐标值，也不能按零件图给出的条件直接根据工件几何要素的定义来进行编程时，那么必须根据所采用的具体工艺方法、工艺装备条件，对零件原图形及有关尺寸进行必要的数学处理或改动，才可以进行各点的坐标计算和编程工作。

数学处理的步骤如下：

（1）选择编程原点　加工程序中的字大部分是尺寸字，这些尺寸字中的数据是程序的主要内容。同一个零件，同样的加工，如果编程原点不同，尺寸字中的数据就不一样，所以，编程之前首先要选定原点。从理论上讲，原点选在任何位置都是可以的。但实际上，为了换算简便以及尺寸较为直观（至少让部分点的指令值与零件图上的尺寸值相同），应尽可能使原点与零件图上标注尺寸的设计基准重合。车削时编程原点 X 向应取在零件的回转中心，即车床主轴的中心线上，所以原点的位置只在 Z 向做选择。原点 Z 向位置一般在工件的左端面或右端面两者中做选择。如果是左右对称的零件，Z 向原点应选在对称平面内，同一个程序可用于调头前后的两道加工工序。对于轮廓中有椭圆之类非圆曲线的零件，Z 向原点取在椭圆的对称中心较好。

（2）标注尺寸换算　在很多情况下，图样上的尺寸基准与编程所需要的尺寸基准不一致，故应首先将图样上的基准尺寸换算为编程坐标系中的尺寸，再进行下一步数学处理。

1）直接换算：直接通过图样上的标注尺寸即可获得编程尺寸的一种方法。进行直接换算时，可对图样上给定的公称尺寸或极限尺寸取平均值，经过简单的加减运算即可。

如图 2-3b 所示，除尺寸 46.54mm 外，其余编程尺寸均可直接按图 2-3a 所示的标注尺寸经换算得到。其中 $\phi59.94$mm、$\phi20$mm 及 140.08mm 三个尺寸分别为取两极限尺寸平均值后得到的编程尺寸。

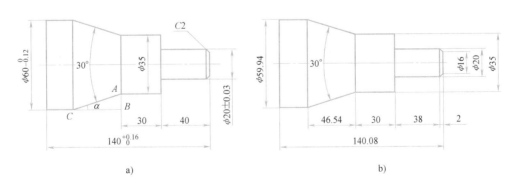

图 2-3　标注尺寸换算

a）换算前尺寸　b）换算后尺寸

在取极限尺寸中值时，如果遇到有第三位小数值（或更多位小数），基准孔按照"四舍五入"的方法处理，基准轴则将第三位进上一位。

例如：当孔尺寸为 $\phi16_0^{+0.052}$mm 时，其中值尺寸取 $\phi16.03$mm。

当孔尺寸为 $\phi16_0^{+0.062}$mm 时，其中值尺寸取 $\phi16.03$mm。

当轴尺寸为 $\phi 16^{\ 0}_{-0.07}$mm 时，其中值尺寸取 $\phi 15.97$mm。

当轴尺寸为 $\phi 16^{\ 0}_{-0.062}$mm 时，其中值尺寸取 $\phi 15.97$mm。

2）间接换算：需要通过平面几何、三角函数等计算方法进行必要的计算后，才能得到编程尺寸的一种方法。用间接换算方法换算得到的尺寸可以是直接编程时所需的基点坐标尺寸，也可以是为计算某些基点坐标值所需要的中间尺寸。图 2-3b 中所示的尺寸 46.54mm 就是间接换算后得到的编程尺寸。计算方法如下：

在直角三角形 $\triangle ABC$ 中，$\angle ACB = 30°/2 = 15°$。

$AB = (59.94 - 35)$mm$/2 = 12.47$mm。

因为 $\tan\angle ACB = AB/BC$，所以 $BC = AB/\tan\angle ACB = 12.47mm/\tan 15° = 46.54$mm。

3）数值计算举例。如图 2-4a 所示，刀具切削时如快速移动到圆锥的角点，容易引起撞刀，因此，一般情况下，刀具起始点离圆锥角点 Z 向 3mm 处，试计算出刀具起点 A 的坐标。

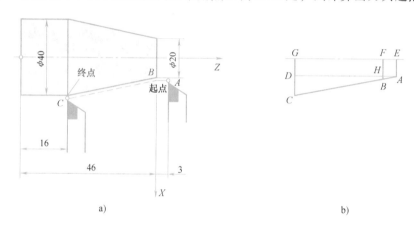

图 2-4　数值计算示例

a）零件加工示意图　b）尺寸换算示意图

解： 选择工件右端面中心作为编程原点。

如图 2-4b 所示，AE 为刀具起始点 A 的半径值，BF 为工件右端面 B 点的半径值，CG 为锥面终点 C 的半径值。已知 $EF = 3$，$FG = 46 - 16 = 30$，所以 $EG = 33$。

现过起点 A 作一直线 AD 垂直于 CG，则 $AE = HF = DG$，$BH = BF - AE = 10 - AE$，$CD = CG - AE = 20 - AE$。

由公式 $\dfrac{BH}{CD} = \dfrac{AH}{AD} = \dfrac{EF}{EG}$ 得：$\dfrac{10 - AE}{20 - AE} = \dfrac{3}{33}$，计算得 $AE = 9$。

最终得起点的 A 坐标为（18，3）。

2. 绝对坐标与增量坐标

在数控车床程序编制过程中，运动坐标可以是绝对坐标，也可以是增量坐标。绝对坐标指令地址 X、Y、Z 对应的增量坐标指令地址为 U、V、W。

绝对坐标编程：刀具运动过程中所有的位置坐标均以固定的坐标原点为基准给出。如图 2-5a 所示，A 点坐标为（20，32），B 点坐标为（60，77）。

增量坐标编程：刀具运动的位置坐标是以刀具前一点的位置坐标与当前位置坐标之间的增量给出的，终点相对于起点的方向与坐标轴相同取正、相反取负。如图 2-5b 所示，加工

路线为 AB，则 B 点相对于 A 点的增量坐标值分别为 $U_B = 40$，$V_B = 45$。

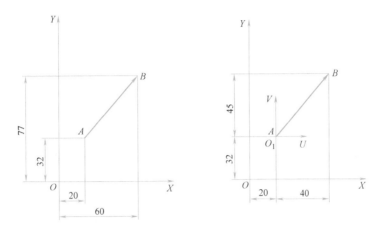

图 2-5 绝对坐标与增量坐标

3. 英制、米制编程指令 G20、G21

G20、G21 是两个互相取代的模态功能指令，机床出厂时一般设定为 G21 状态，即机床的各项参数均以米制单位设定。

G20 或 G21 代码必须在程序开始设定坐标系之前，在一个单独的程序段中指定。

下列值的单位在英/米制转换后要随之变更：F 指令的进给速度、位置指令、工件零点偏移值、刀具补偿值、手摇脉冲发生器的刻度单位以及增量进给中的移动距离。

注意：

1）在程序执行时，绝对不能切换 G20 和 G21。

2）当英制输入转换为米制输入以及相反转换时，刀具补偿值必须根据最小输入增量单位重新设置。

4. 快速定位指令 G00

G00 指令是在工件坐标系中以快速移动速度将刀具移动到指令指定的位置。

指令格式：G00　X(U)　Z(W)；

G00 指令一般用于加工前快速定位或加工后快速退刀。G00 指令控制刀具相对于工件以预先设定的速度，从当前位置快速移动到程序段指令的目标点位置。

G00 指令中的快移速度由机床参数"快移进给速度"对各轴分别设定，不能在地址 F 中规定，快移速度可由机床操作面板上的快速修调按钮修正，分别选择快速移动速度的倍率 0%、25%、50%、100%。

在执行 G00 指令时，由于各轴以各自的速度移动，不能保证各轴同时到达终点，因此联动直线轴的合成轨迹不一定是直线，操作者必须格外小心，以免刀具与工件发生碰撞。常见 G00 的运动轨迹如图 2-6 所示，从 A 点到 B 点常见有以下两种方式：直线 AB、折线 AEB。折线的起始角是固定的（如 $\theta = 22.5°$ 或 $45°$），它取决于各坐标的脉冲当量。

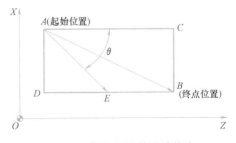

图 2-6 常见 G00 的运动轨迹

G00 为模态功能指令,可由 G01、G02、G03 等指令注销。目标点位置坐标可以用绝对值,也可用增量值,其至可以混用。如果目标点和起点有一个坐标值没有变化,此坐标值可以省略。如图 2-7 所示,需将刀具从起点 S 快速定位到目标点 P,编程方法见表 2-2。

表 2-2　绝对坐标、增量坐标、混合编程方法

绝对坐标编程	G00	X70	Z40
增量坐标编程	G00	U40	W-60
混合编程 1	G00	U40	Z40
混合编程 2	G00	X70	W-60

如图 2-8 所示,刀尖从换刀点(刀具起点)A 快进到 B 点,准备车外圆,相应的程序段如下:

1)绝对坐标编程:G00 X22 Z2;
2)增量坐标编程:G00 U-28 W-23;

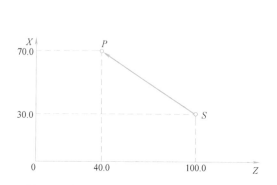

图 2-7　绝对坐标、增量坐标、混合编程实例

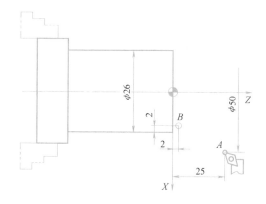

图 2-8　G00 指令示例

5. 直线插补指令 G01

数控车床的运动控制中,工作台(刀具)X、Y、Z 轴的最小移动单位是一个脉冲当量。因此,刀具的运动轨迹是由极小台阶组成的折线(数据点密化),如图 2-9 所示。例如:用

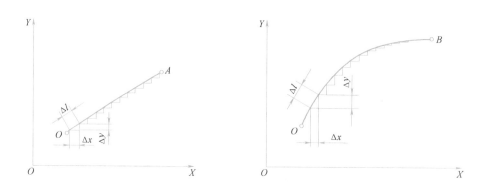

图 2-9　插补原理

数控车床加工直线 OA，刀具是沿 X 轴移动一步或几步（一个或几个脉冲当量 Δx），再沿 Y 轴方向移动一步或几步（一个或几个脉冲当量 Δy），直至到达目标点，从而合成所需的运动轨迹。数控系统根据给定的直线、圆弧（曲线）函数，在理想的轨迹上的已知点之间进行数据点密化，确定一些中间点的方法，称为插补。

G01 指令用于刀具直线插补运动，它使刀具以一定的进给速度从所在点出发，直线移动到目标点。

指令格式：G01 X（U）Z（W）F；

式中　X、Z：为绝对坐标编程时，目标点在工件坐标系中的坐标；

U、W：为增量坐标编程时，目标点的增量坐标；

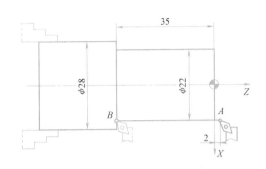

图 2-10　G01 指令示例

F：进给速度。F 中指定的进给速度一直有效，直到指定新值，因此不必对每个程序段都指定 F。F 有两种表示方法：①每分钟进给量（mm/min）；②每转进给量（mm/r）。

如图 2-10 所示，要求刀尖从 A 点直线移动到 B 点，完成外圆车削；其程序段如下：

绝对坐标编程：G01 X22 Z-35 F0.1；

增量坐标编程：G01 U0 W-37 F0.1；

任务实施

1．零件工艺分析

1）选择夹具：选择通用夹具——自定心卡盘。

2）选择刀具：选择 93°外圆车刀车外圆及端面。

3）选择量具：外径、长度使用游标卡尺进行测量。

4）精加工工艺路线参考。刀具快速定位在起刀点（100，100）→选择外圆车刀（T01）→快速移动至进刀点（10，2）→沿着-Z 向直线插补至工件左端（10，-10）→沿着 X 向直线插补至工件左端（14，-10）→沿着-Z 向直线插补至工件左端（14，-20）→沿着 X 向直线插补至工件左端（18，-20）→沿着-Z 向直线插补至工件左端（18，-30）→快速退回至起刀点（100，100）。

5）选择切削用量。

粗加工：主轴转速为 500r/min，背吃刀量为 2mm，进给速度为 0.2mm/r。

精加工：主轴转速为 1000r/min，背吃刀量为 0.3mm，进给速度为 0.1mm/r。

6）圆柱销零件数控加工工艺规程见表 2-3。

表 2-3　圆柱销零件数控加工工艺规程

工序号	工序内容	刀具号	刀具名称	主轴转速 /（r/min）	进给量 /（mm/r）	背吃刀量 /mm
1	粗车各外圆	T01	外圆车刀	500	0.2	2
2	精车各外圆	T01	外圆车刀	1000	0.1	0.3

2. 参考程序

外圆车削参考程序见表2-4。

表2-4 外圆车削参考程序

程序内容	动作说明
O0212;	程序名
N10 G21 G40 G99;	米制输入,取消刀具半径补偿,每转进给
N20 T0101 M03 S500;	换01号93°外圆车刀,主轴转速500r/min
N30 G00 X18.6 Z2;	刀具到达切削起始点,分层进行粗加工
N40 G01 Z-30 F0.2;	
N50 G00 X20;	
N60 　 Z2;	
N70 　 X14.6;	分层进行粗加工
N80 G01 Z-19.7 F0.2;	
N90 G00 X20;	
N100 　 Z2;	
N110 　 X10.6;	分层进行粗加工
N120 G01 Z-9.7 F0.2;	
N130 G00 X20;	
N140 　 Z2;	
N150 M03 S1000;	精加工主轴转速1000r/min
N160 G00 X10 Z2;	刀具到达精加工切削起始点
N170 G01 Z-10 F0.1;	精车各台阶外圆
N180 X14;	
N190 Z-20;	
N200 X18;	
N210 Z-30;	
N220 G00 X100 Z100;	回换刀点
N230 M05;	主轴停转
N240 M30;	程序结束且复位

3. 零件模拟加工

零件模拟加工分为两种方式:在计算机上利用仿真软件进行三维加工模拟和在数控车床上通过图形加工方式进行刀轨模拟。通过数控仿真软件模拟加工的完整过程,可以发现编制程序中的错误并改正,帮助用户熟练掌握在数控车床上加工工件的操作过程。在数控车床上进行图形模拟显示,可以显示出切削过程以及刀具轨迹,验证所编程序的正确性。

在计算机上按照零件加工过程,安装 φ20mm 工件毛坯→在刀架上安装外圆刀具→在 编辑 方式下输入 "O0202" 程序→在 手动 方式下设置工件原点→在 自动 方式下启动程序。单步(单段)加工好的销轴零件如图2-11所示。

在数控车床上可以做图形模拟，按 $\boxed{CSTM/GR}$ 键进入图形显示模式，然后按 $\boxed{自动}$、$\boxed{空运行}$、$\boxed{锁住}$ 键后，按 $\boxed{程序启动}$ 键，数控系统在显示屏里以刀具轨迹方式进行图形加工，刀具并未实际切削工件，数控机床显示屏显示刀具运动轨迹。

图 2-11 加工好的销轴零件

4. 零件数控加工

1）在 $\boxed{编辑}$ 方式下输入程序。

2）在 $\boxed{手动}$ 方式下安装刀具，对刀，建立刀补，并验证对刀的正确性。

3）在 $\boxed{自动}$ 方式下启动程序，可以单步（$\boxed{单段}$）动加工。

4）安全操作和注意事项

① 装刀时，刀尖与工件中心高对齐，对刀前，先将工件端面车平。

② 为保证加工尺寸的准确性，可分粗、精加工。

5. 零件检测与评分

零件加工完成后，按图样要求检测工件，对工件进行质量分析。评价标准见表2-5。

表 2-5　圆柱销零件检测与评价标准

班级			姓名			学号	
任务名称			圆柱销的编程与加工		零件图号		图 2-1
基本检查		序号	检测内容	配分	学生自评	教师评分	
	编程	1	加工工艺路线制订正确	5			
		2	切削用量选择合理	5			
		3	程序正确	10			
	操作	4	设备操作、维护保养正确	10			
		5	安全、文明生产	10			
		6	刀具选择、安装正确规范	5			
		7	工件找正、安装正确规范	5			
工作态度		8	纪律表现	5			
外圆		9	$\phi10mm$	10			
		10	$\phi14mm$	10			
		11	$\phi18mm$	10			
长度		12	10mm	5			
		13	20mm	5			
		14	30mm	5			
综合得分				100			

🔺 知识补充

1. 销轴零件检测相关知识

（1）外圆、长度常用的测量器具　所谓测量器具是指用来测量工件及产品形状、尺寸的工具，简称量具或量仪。量具的种类很多，根据其用途及特点不同，可分为万能量具、专用量具和标准量具等。下面介绍几种常用的外圆、长度量具。

1）游标卡尺。游标卡尺是一种结构简单、使用方便、中等精度的量具。游标卡尺可用来测量长度、厚度、外径、内径、孔深和中心距等。常用游标卡尺的精度有 0.1mm、0.05mm 和 0.02mm 三种。图 2-12 所示为三用游标卡尺的结构，它由尺身、游标、内/外量爪、深度尺和紧固螺钉组成。

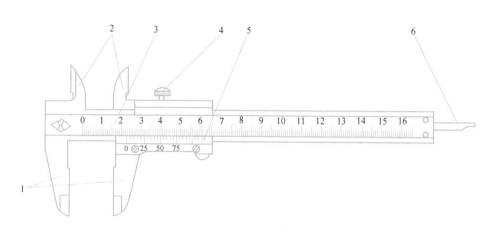

图 2-12　三用游标卡尺的结构

1—外量爪　2—内量爪　3—尺身　4—紧固螺钉　5—游标　6—深度尺

以精度为 0.02mm 的游标卡尺为例，当尺身的固定量爪与游标的活动量爪贴合时，游标上的零线对准尺身的零线，游标上 50 格的长度刚好与尺身上 49 格的长度相等，尺身每一小格长度为 1mm，则游标每一小格长度为 49mm/50＝0.98mm，尺身和游标一小格长度之差为：（1－0.98）mm＝0.02mm，所以游标卡尺的精度为 0.02mm。

游标卡尺的读数方法是，首先读出游标卡尺零刻线左边尺身上的整毫米数，再看游标从零线开始第几条刻线与尺身刻线对齐，其游标刻线数与精度的乘积就是不足 1mm 的小数部分，最后将整毫米数与小数相加就是测得的实际尺寸。精度为 0.02mm、测量尺寸范围为 0~200mm 的游标卡尺读数方法如图 2-13 所示。

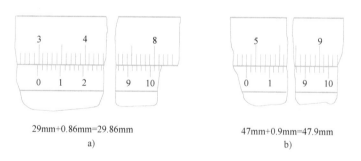

29mm+0.86mm=29.86mm

a)

47mm+0.9mm=47.9mm

b)

图 2-13　游标卡尺的读数方法

2）千分尺。千分尺是尺寸测量中最常用的精密量具之一。千分尺的种类较多，按其用途不同可分为外径千分尺、内径千分尺、深度千分尺和螺纹千分尺等。千分尺的测量精度为 0.01mm。

图 2-14 所示为外径千分尺的结构，它由尺架、砧座、测微螺杆、锁紧手柄、固定套管、

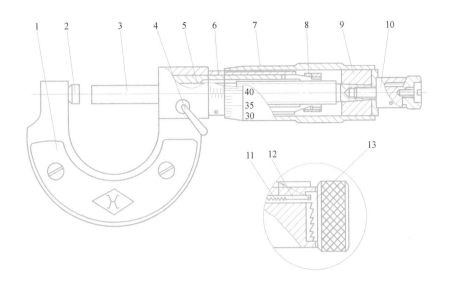

图 2-14 外径千分尺的结构

1—尺架 2—砧座 3—测微螺杆 4—锁紧手柄 5—螺纹套 6—固定套管
7—活动套筒 8—螺母 9—接头 10—测力装置 11—弹簧 12—棘轮爪 13—棘轮

活动套筒和棘轮等部分组成。

外径千分尺的刻线原理是：固定套管上，相邻两刻线轴向每格长为 0.5mm，测微螺杆螺距为 0.5mm。当活动套筒转 1 圈时，测微螺杆就移动 1 个螺距 0.5mm。活动套筒圆锥面上共等分 50 格，微分筒每转 1 格，测微螺杆就移动 0.5mm/50＝0.01mm，所以千分尺的测量精度为 0.01mm。

使用外径千分尺测量时，外径千分尺的读数方法是：先读出固定套管上露出刻线的整毫米及半毫米数；再看活动套筒哪一刻线与固定套筒基准线对齐，读出不足半毫米的小数部分；最后将两个读数相加，即工件的测量尺寸，如图 2-15 所示。

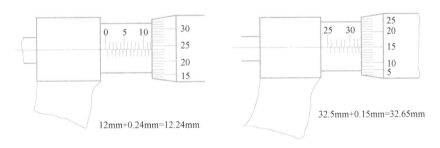

12mm+0.24mm=12.24mm

32.5mm+0.15mm=32.65mm

图 2-15 外径千分尺的读数方法

（2）外径检验方法

1）使用游标卡尺检验外径尺寸的方法如图 2-16 所示。检验方法如下：

① 校正游标卡尺零位。

② 使卡尺量爪逐渐靠近工件并轻微地接触。注意：卡尺不要歪斜，以免产生测量误差。

③ 正确读出卡尺读数。该读数即被测工件外径尺寸。

2）使用千分尺检验工件外径尺寸的方法如图 2-17 所示。检验方法如下：

图 2-16　使用游标卡尺检验外径尺寸的方法　　　图 2-17　使用千分尺检验工件外径尺寸的方法

① 校正千分尺零位。

② 双手掌握千分尺，左手握住弓架，用右手旋转活动套筒，当螺杆即将接触工件时，改为旋转棘轮，直到棘轮发出"咔咔"声为止。

③ 正确读出千分尺读数，该读数即被测工件的外径尺寸。

（3）长度检验方法　长度尺寸的检验方法很多，所有测量线性尺寸的测量工具都可以进行长度检验。

1）使用钢直尺测量长度尺寸。钢直尺通常用来测量毛坯或精度要求不高的零件尺寸。使用钢直尺测量长度的方法如图 2-18 所示。

2）使用游标卡尺测量长度尺寸。使用游标卡尺测量长度尺寸的方法如图 2-19 所示。其检验方法与外径检验方法基本相同。

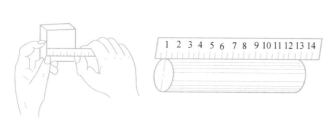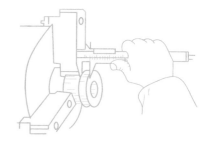

图 2-18　使用钢直尺测量长度尺寸的方法　　　图 2-19　使用游标卡尺测量长度尺寸的方法

（4）深（高）度检验方法　深（高）度尺寸检验方法与长度尺寸检验方法基本相同，通常使用钢直尺或游标卡尺测量，也可以使用深度尺进行测量。常见深（高）度尺寸的检验方法如图 2-20、图 2-21 所示。

2. 数控车床操作注意事项

1）仔细分析零件图样，明确加工要求。

2）仔细分析切削用量，确定加工顺序。

3）安全第一，学生的实训必须在教师的指导下，严格按照数控车床安全操作规程有步骤地进行。

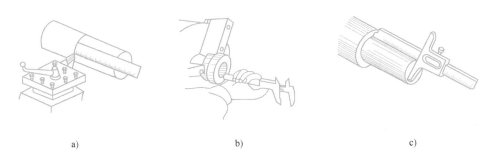

图 2-20 常见深（高）度尺寸的检验方法

a）使用钢直尺测量台阶长度 b）使用游标卡尺测量深度 c）使用深度尺测量台阶长度

4）在数控车床操作面板上输入程序要细心。

5）对刀时，刀具接近工件过程中，进给倍率要小，以避免产生撞刀现象。

6）对刀要精确到 0.01mm。

7）自动加工之前要仔细校验程序。

8）加工零件过程中一定要提高警惕，将手放在"急停"按钮上，如遇到紧急情况，迅速按下"急停"按钮，以防意外事故发生。

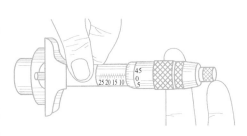

图 2-21 使用深度千分尺测量尺寸

分析与思考

1. G00 和 G01 指令的区别

G00 和 G01 指令看起来都是指令刀具沿直线运动，但是它们有很大的区别。

1）G00 指令是快速点定位指令。它不是加工中的车削走刀，主要用于刀具未切削工件时的快速移动。G00 指令下刀具移动的速度很快，数控车床出厂时在数控系统中已设定好 G00 速度，一般不会改动。

2）G01 指令是直线插补指令，主要用于刀具直线切削工件，它的速度由该程序段中 F 后面的数值指定，即由编程人员确定，一般不会很大。

2. 工件为不同材质时切削用量的选择

1）切削用量的选择原则。切削用量三要素包括主运动速度（或主轴转速）、背吃刀量和进给速度，这些参数均应在机床给定的允许范围内选取。

粗加工时，应尽量保证较高的金属切除率和必要的刀具寿命，以提高生产率为主。首先选取尽可能大的背吃刀量 a_p，其次根据机床动力和刚度的限制条件，选取尽可能大的进给量 f，最后根据刀具寿命要求，确定合适的切削速度 v_c。增大背吃刀量 a_p 可使走刀次数减少，增大进给量 f 有利于断屑。

精加工时，应尽量保证加工精度和表面粗糙度的要求。精车时，加工余量不大且较均匀，选择切削用量应着重考虑如何保证加工质量，并在此基础上尽量提高生产率。因此，精车时应选用较小（但不能太小）的背吃刀量和进给量，并选用性能高的刀具材料和合理的几何参数，以尽可能提高切削速度。

2）一般情况下，用硬质合金刀具加工一般钢件，粗加工线速度可取 180m/min 左右，精加工可取 220m/min 左右，加工各种材料时切削用量推荐值见表 2-6，加工转速和切削速度之间的关系是：$n = \dfrac{1000v_c}{\pi d}$。

表 2-6　硬质合金刀具加工各种材料时切削用量推荐值

工件材料	粗加工			精加工		
	切削速度/ （m/min）	进给量/ （mm/r）	背吃刀量/ mm	切削速度/ （m/min）	进给量/ （mm/r）	背吃刀量/ mm
碳钢	220	0.2	3	260	0.1	0.4
低合金钢	180	0.2	3	220	0.1	0.4
高合金钢	120	0.2	3	160	0.1	0.4
铸铁	80	0.2	3	120	0.1	0.4
不锈钢	80	0.2	2	60	0.1	0.4
铝合金	600	0.2	1.5	600	0.1	0.5

分析思考，硬质合金刀具加工如图 2-1 所示圆柱销零件时，工件材料为 45 钢的情况下：

① 粗加工时：主轴转速＿＿＿ r/min，背吃刀量＿＿＿ mm，进给量＿＿＿ mm/r。

② 精加工时：主轴转速＿＿＿ r/min，背吃刀量＿＿＿ mm，进给量＿＿＿ mm/r。

使用机夹可转位刀片时，在刀片盒上会标有最适合加工工件材质、最佳线速度和进给率。图 2-22 所示为加工工件材料分类，蓝色背景字母 P 是钢件，黄色背景字

图 2-22　加工工件材料分类

母 M 是不锈钢，红色背景字母 K 是铸铁，绿色背景字母 N 是非铁金属，橙色背景字母 S 是难切削材料，灰色背景字母 H 是高硬度材料。

任务拓展

在常见的机电产品中，经常会遇到各种类型的插销，其中最简单的插销如图 2-23 所示，试根据所学知识编程加工该零件。

图 2-23　插销零件图

任务 2　锥柄的编程与加工

学习目标

1）根据零件图样正确进行数值计算。

2）掌握外槽加工工艺。

3）能用 G00、G01、G04、G90 等编程指令正确编写锥柄的加工程序。

4）能正确安装工件、外圆车刀和切槽刀。

5）掌握外圆车刀、切槽刀的对刀步骤，并验证工件原点的正确性。

6）掌握车削零件常用量具的使用方法。

7）能完成锥柄的自动加工，掌握零件数控车削基本操作。

任务布置

试编程车削如图 2-24 所示的锥柄零件，零件三维效果图如图 2-25 所示。已知：零件毛坯为 φ25mm 铝棒。

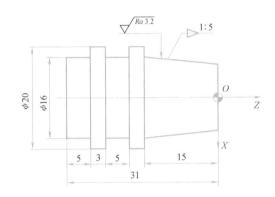

图 2-24 锥柄零件

图 2-25 锥柄零件三维效果图

任务分析

完成该零件的数控加工需要以下步骤：

1）拟订该锥柄的合理加工工艺。

2）该零件加工表面由端面、外圆柱面、外圆锥面和外槽组成。正确使用 G00、G01、G04、G90 等指令编制工件轮廓的加工程序。

3）程序输入并检验、单步执行、空运行、锁住完成零件模拟加工；选择车削加工常用的夹具（如自定心卡盘等）装夹工件毛坯；选择、安装和调整数控车床刀具；进行 X、Z 向对刀，设定工件坐标系；选择自动工作方式，按程序运行进行自动加工，完成锥柄零件表面的切削加工。

4）检测已加工零件，分析零件加工质量，对不足之处提出改进意见。

案例体验

【例 2-2】 已知毛坯为 φ20mm 铝棒，需车削成如图 2-26 所示的零件，试编制其加工程序。

（1）零件工艺分析

1）设定程序原点，以工件右端面与轴线的交点为程序原点建立工件坐标系。

2）确定单一循环指令 G90 的起始点为（22，2）。

3）当加工锥面时，确定起刀点，切削起始点的直径为 9mm。

4）分别计算各节点位置坐标值。

（2）参考程序　加工参考程序见表 2-7。

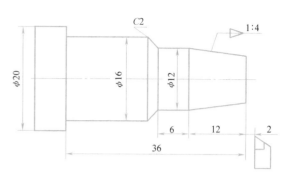

图 2-26　零件图

表 2-7　加工参考程序

程序内容	动作说明
O0221;	程序名
N10 G21 G40 G99;	米制输入,取消刀具半径补偿,每转进给率
N20 T0101 M03 S500;	选外圆刀粗车,主轴转速 500r/min
N30 G00 X20 Z2;	粗车循环起点
N40 G90　X18.5　Z-36　F0.1;	调用单一循环指令,粗车各外圆
N50 X16.5;	
N60 X14.5　Z-18;	
N70 X12.5;	
N80 G00　X20　Z0	
N90 G90　X12.5　Z-12　I-1　F0.1;	调用单一循环指令,粗车圆锥面
N100 I-1.5;	
N110 G00　X9;	
N120 G01　Z0　F0.1;	精车各表面
N130 X12　Z-12;	
N140 Z-18;	
N150 X16　Z-20;	
N160 Z-36;	
N170 G00　X100　Z100;	回换刀点
N180 M05;	主轴停转
N190 M30;	程序结束且复位

（3）数控车床加工

1）在 编辑 方式下输入程序。

2）在模拟加工方式下（同时按下 自动 、空运行 、锁住 键）进行程序校验及修整。

3）在 手动 方式下安装刀具，对刀，建立刀补，并验证对刀的正确性。

4）在 自动 方式下启动程序，单步（单段）自动加工。

5）停车后，按图样要求检测工件，对工件进行误差与质量分析。

（4）安全操作和注意事项

1）装刀时，刀尖与工件中心高度对齐，对刀前，先将工件端面车平。

2）为保证加工尺寸的准确性，可分粗、精加工。

相关知识

1. 恒线速度、恒转速控制指令 G96、G97 和最高转速限制指令 G50

数控车床的速率分成低速区和高速区，在每个区内的速率可以自由改变。若零件要求锥面或端面的表面粗糙度一致，则必须用恒线速度进行切削。

（1）启用恒线速度控制的指令 G96

格式：G96 S__;

S 后面的数字表示恒定的线速度，单位为 m/min。

例如：G96 S150; 表示切削点线速度控制在 150m/min。

对于图 2-27 所示的零件，为保持 A、B、C 各点的线速度在 150 m/min，则各点在加工时的主轴转速分别为：

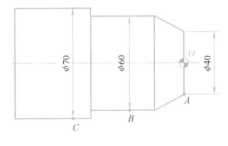

图 2-27 切削加工示意图

A：$n = 1000 \times 150 \div (\pi \times 40)\,r/min = 1194\,r/min$

B：$n = 1000 \times 150 \div (\pi \times 60)\,r/min = 796\,r/min$

C：$n = 1000 \times 150 \div (\pi \times 70)\,r/min = 682\,r/min$

（2）取消恒线速度控制，启用恒转速控制指令 G97

格式 G97 S__;

S 后面的数字表示恒线速度控制取消后的主轴转速，如 S 未指定，将保留 G96 的最终值。

例如：G97 S3000; 表示恒线速控制取消后主轴转速 3000r/min。

（3）最高转速限制指令 G50

格式 G50 S__;

S 后面的数字表示最高转速，单位为 r/min

例：G50 S2000;（限制最高转速为 2000r/min）

G96 S150;（恒线速开始，指定切削速度为 150m/min）

G01 X10 Z-20;

G97 S500;（取消恒线速，指定转速为 500 r/min）

注意：G96 指定的线速度在 G97 时也记忆，执行 G96 指令时，若不指定线速度，则执行前次的线速度；G97 指定的线速度在 G96 时也记忆。

2. 暂停指令 G04

利用暂停指令，可以推迟下个程序段的执行，推迟时间为指令的时间。该指令主要用于切槽、台阶端面等需要刀具在加工表面作短暂停留的场合。

格式：G04 X（U）__（单位：s）；

G04 P __（单位：ms）；指令范围为 0.001～99999.999s。

例如：G04 X1.0；（暂停1s）；G04 U1.0；（暂停1s）；G04 P1000；（暂停1s）。

如图2-28所示，要求刀尖从 A 点直线移动到 B 点，完成切槽加工；其参考程序见表2-8。

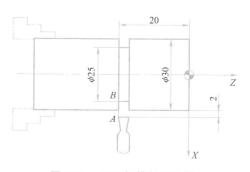

图2-28 G01切槽加工示例

表2-8 切槽参考程序

程序内容	动作说明
O0222；	程序名
N10 G21 G40 G99；	米制输入，取消刀具半径补偿，每转进给率
N20 T0202 M03 S300；	选切槽刀
N30 G00 X32 Z-20；	到达切槽起点
N40 G01 X25 F0.1；	切槽
N50 G04 X1；	暂停1s
N60 G00 X32；	径向退刀
N70 G00 X100 Z100；	回换刀点
N80 M05；	主轴停转
N90 M30；	程序结束且复位

单一切削循环指令 G90

3. 单一切削循环指令 G90

G90是单一切削循环指令，主要用于轴类零件圆柱、圆锥面的加工。

（1）圆柱面切削循环指令 G90

指令格式：G90 X（U）__ Z（W）__ F __；

式中 X、Z取值为圆柱面切削终点坐标值；

U、W取值为圆柱面切削终点相对循环起点的坐标增量。

如图2-29所示，刀具从循环起点开始按矩形 1R→2F→3F→4R 路线循环，最后又回到循环起点。图中虚线表示按 R 快速移动，实线表示按 F 指定的速度进给。

（2）圆锥面切削循环指令 G90

指令格式：G90 X（U）__ Z（W）__ R（I）__ F __；

式中 X、Z取值为圆锥面切削终点坐标值；

U、W取值为圆锥面切削终点相对循环起点的坐标增量；

R（I）取值为圆锥面切削始点与圆锥面切削终点的半径差，有正、负号。

如图2-30所示，刀具从循环起点开始按梯形 1R→2F→3F→4R 循环，最后又回到循环起点。图中虚线表示按 R 快速移动，实线表示按 F 指定的速度进给。

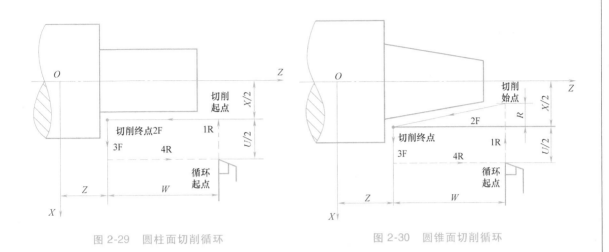

图 2-29　圆柱面切削循环　　　　　　　　图 2-30　圆锥面切削循环

如图 2-31 所示，加工外圆表面需分多次进给，切削循环程序见表 2-9。

表 2-9　圆柱面切削循环程序

程序内容	动作说明
G90　X40　Z20　F0.1；	$A \to B \to C \to D \to A$
X30；	$A \to E \to F \to D \to A$
X20；	$A \to G \to H \to D \to A$

如图 2-32 所示，对圆锥面切削分多次进给，程序见表 2-10。

表 2-10　圆锥面切削循环程序

程序内容	动作说明
G90　X40　Z20　I−5　F0.1；	$A \to B \to C \to D \to A$
X30；	$A \to E \to F \to D \to A$
X20；	$A \to G \to H \to D \to A$

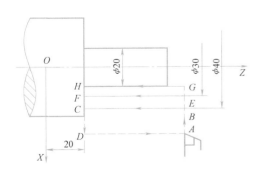

图 2-31　圆柱面切削循环

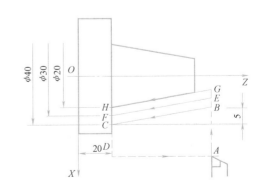

图 2-32　圆锥面切削循环

任务实施

1. 零件工艺分析

1）选择夹具：选择通用夹具——自定心卡盘。

2）选择刀具：选择 T1 外圆车刀车外圆及端面，选择 T2 切槽刀（刀具宽度为 4mm）切槽、切断工件。

3）选择量具：外径、长度使用游标卡尺进行测量。

4）加工工艺参考：首先粗、精车外圆至尺寸，其次切槽至尺寸，最后切断工件。数控加工工序卡片见表 2-11。

表 2-11　数控加工工序卡片

工序号	工序内容	主轴转速/(r/min)	进给量/(mm/r)	背吃刀量/mm
1	粗车外圆	500	0.2	2
2	精车外圆	800	0.1	0.5
3	切槽	300	0.08	
4	切断	300	0.08	

5）数值计算

① 设定程序原点，以工件右端面与轴线的交点为程序原点建立工件坐标系。

② 确定单一循环指令 G90 的起始点为（22，2）。

③ 当加工锥面时，确定起刀点。计算精加工圆锥面时，切削起始点的直径为 12.6mm。

2. 参考程序

零件加工参考程序见表 2-12。

表 2-12　零件加工参考程序

程序内容	动作说明
O0223；	程序名
N10 G21 G40 G99；	米制输入，取消刀具半径补偿，每转进给
N20 T0101 M03 S500；	选外圆刀粗车
N30 G00 X25 Z2；	
N40 G90 X20.5 Z-32 F0.2；	粗车圆柱表面
N50 G90 X16.5 Z-15 I-1；	粗车圆锥表面
N60 I-1.7；	
N70 M03 S800；	精加工转速 800r/min
N80 G00 X12.6 Z2；	精车外圆柱、圆锥面
N90 G01 X16 Z-15 F0.1；	
N100 X20；	
N110 Z-32；	
N120 G00 X100 Z100；	回换刀点

（续）

程序内容	动作说明
N130 T0202 M03 S300;	选择切槽刀
N140 G00 X21 Z-22;	切槽
N150 G01 X16 F0.08;	
N160 G00 X21;	
N170 G00 Z-23;	
N180 G01 X16 F0.08;	
N190 G00 X21;	
N200 G00 Z-30;	
N210 G01 X16 F0.08;	
N220 G00 X21;	
N230 G00 Z-32;	
N240 G01 X16 F0.08;	
N250 G00 X21;	
N260 G00 Z-35;	
N270 G01 X1 F0.08;	切断工件
N280 G00 X21;	
N290 G00 X100 Z100;	回换刀点
N300 M05;	主轴停转
N310 M30;	程序结束且复位

3. 零件检测与评分

零件加工完成后，按图样要求检测工件，对工件进行质量分析，评价标准见表2-13。

表2-13　零件检测与评价标准

班级			姓名		学号	
任务名称		锥柄的编程与加工		零件图号		图2-24
基本检查		序号	检测内容	配分	学生自评	教师评分
	编程	1	加工工艺路线制订正确	5		
		2	切削用量选择合理	5		
		3	程序正确	5		
	操作	4	设备操作、维护保养正确	5		
		5	安全、文明生产	5		
		6	刀具选择、安装正确规范	5		
		7	工件找正、安装正确规范	5		

（续）

任务名称		锥柄的编程与加工	零件图号	图 2-24
工作态度	8	纪律表现	5	
外圆	9	$\phi20mm\ Ra6.3\mu m$	10	
			3	
	10	$\phi16mm\ Ra6.3\mu m$	10	
			3	
锥度	11	$1:5\ Ra3.2\mu m$	14	
			5	
长度	12	31mm	3	
	13	15mm	3	
	14	5mm（2处）	6	
	15	3mm（2处）	3	
综合得分			100	

知识补充

1. 锥柄零件检测相关知识

（1）角度测量仪器

1）游标万能角度尺。游标万能角度尺是用来测量工件内、外角度的量具。其测量精度有 2′ 和 5′ 两种，测量范围为 0°～320°。

游标万能角度尺的结构如图 2-33 所示，主要由尺身、扇形板、基尺、游标、直角尺、直尺和卡块等部分组成。

游标万能角度尺的刻线原理是：尺身刻线每格为 1°，游标共 30 格等分 29°，游标每格为 $29°/30 = 58′$，尺身 1 格和游标 1 格之差为 $1° - 58′ = 2′$，所以它的测量精度为 2′。

游标万能角度尺的读数方法是：先读出游标零刻度前面的整度数，再看游标第几条刻线和尺身刻线对齐，读出角度 "′" 的数值，最后两者相加就是测量角度的数值。游标万能角度尺的测量方法如图 2-34 所示。

2）锥形套规或锥形塞规。锥形套规用于测量外锥面，锥形塞规用于测量内锥面。测量时，先在锥形套规内或锥形塞规外的锥面上涂上显示

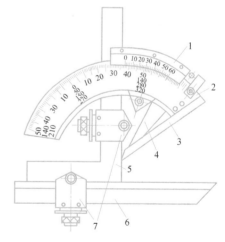

图 2-33　游标万能角度尺的结构

1—游标　2—尺身　3—基尺　4—扇形板
5—直角尺　6—直尺　7—卡块

剂，再与被测锥面配合，转动量规，拿出量规观察显示剂的变化，如果显示剂摩擦均匀，说明圆锥接触良好，锥角正确；如果套规的小端擦着工件圆锥面，大端没有擦着工件圆锥面，说明圆锥角小了（塞规与此相反）。锥形套规与锥形塞规如图 2-35 所示。

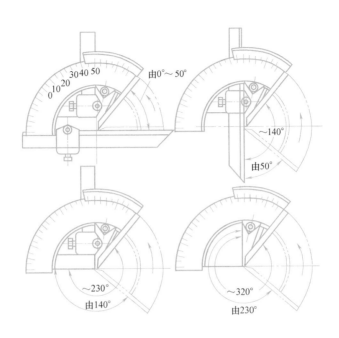

图 2-34 游标万能角度尺的测量方法

（2）槽宽测量仪器 使用游标卡尺测量槽宽尺寸，其方法如图 2-36 所示。

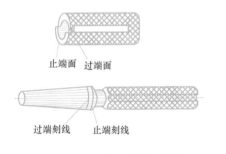

止端面 过端面

过端刻线 止端刻线

图 2-35 锥形套规与锥形塞规

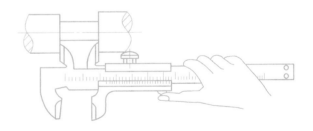

图 2-36 使用游标卡尺测量槽宽尺寸

2. 项目操作提示与备忘

1）仔细分析切削用量，确定加工顺序。

2）外圆车刀选择及安装应避免副切削刃与锥面产生干涉。

3）因为使用两把刀，外圆车刀和切槽刀对刀时要正确对应每把刀具的刀具号及刀补号。

4）车锥面时，刀尖一定要与工件轴线等高，否则车出的工件圆锥母线不直。

5）自动加工之前要仔细校验程序。

6）首件加工时，尽可能采用单步运行，避免产生意外。

7）切断刀采用左侧刀尖作刀位点，编程时刀头宽度尺寸应考虑在内。

8）切槽加工时应注意退刀方向，避免撞刀。

分析与思考

进给速度与加工表面质量及尺寸精度的关系：考虑主、副切削刃时，进给速度增大，则表面粗糙度 Ra 值增大。检测工件外表面时，检测位置在外表面的最高点，而加工时刀具刀尖位置在最低点，则进给速度增大，实际测量尺寸随之增大。加工工件内表面时，情况则相反，即随着进给速度增大，实际测量尺寸随之减小。

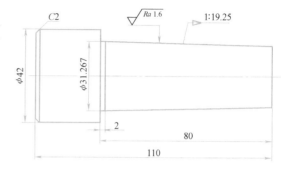

图 2-37　4 号莫氏锥柄

 任务拓展

莫氏锥柄应用非常广泛，如车床主轴锥孔、顶尖、钻头柄等，现根据所学知识编程加工如图 2-37 所示的 4 号莫氏锥柄。

任务 3　印章的编程与加工

 学习目标

1）能根据零件表面特点正确选用 G02、G03。

2）掌握外圆弧加工工艺。

3）能用 G02、G03 等编程指令正确编写凸凹圆弧面的加工程序。

4）掌握圆弧面测量方法。

5）掌握零件尺寸控制方法。

6）掌握刀尖圆弧半径补偿功能的使用方法。

7）能完成印章的自动加工，掌握零件数控车削基本操作。

任务布置

试编程车削如图 2-38 所示的印章零件，零件毛坯为 $\phi45\text{mm}×95\text{mm}$ 的铝棒。

任务分析

对该印章零件进行分析，完成该零件的数控加工需要以下步骤：

1）拟订该印章零件的合理加工工艺。

2）该零件加工表面由端面、外圆柱面和外圆弧面组成。正确使用 G00、G01、G90、G02、G03、G41、G42、G40 等指令可

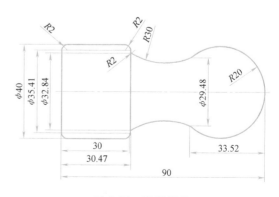

图 2-38　印章零件

编制工件轮廓加工程序。

3）输入程序并检验、单步执行、空运行、锁住完成零件模拟加工；选择车削加工常用夹具（如自定心卡盘等）装夹工件毛坯；选择、安装和调整数控车床刀具；进行 X、Z 向对刀，设定工件坐标系；选择自动工作方式，进行自动加工，完成印章零件表面的切削加工。

4）检测已加工零件，分析零件加工质量，对不足之处提出改进意见。

案例体验

【例 2-3】 试编程完成如图 2-39 所示的手柄零件的加工，已知零件毛坯为 $\phi20mm$ 铝棒。

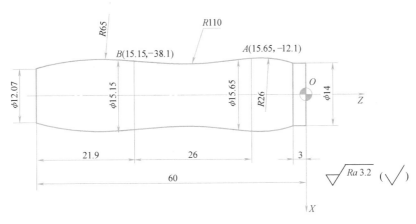

图 2-39 手柄零件

（1）零件工艺分析

1）选择夹具。选择通用夹具——自定心卡盘。

2）选择刀具。选择外圆车刀车外圆，选择刀具副偏角时注意不能干涉工件，选择切槽刀（刀具宽度 4mm）切断工件。

3）加工工艺路线参考。首先粗车外圆至 $\phi16.1mm$，再车削外圆至 $\phi14mm$，车削各圆弧表面，最后切断工件。零件数控加工工序卡见表 2-14。

表 2-14 零件数控加工工序卡

工序号	工序内容	主轴转速 /(r/min)	进给量 /(mm/r)	背吃刀量 /mm
1	粗车外圆	500	0.2	2
2	精车外圆	800	0.1	0.25
3	切断	300	0.08	

（2）参考程序 零件加工参考程序见表 2-15。

表 2-15 零件加工参考程序

程序内容	动作说明
O0231;	程序名
N10 G21 G40 G99;	米制输入,取消刀具半径补偿,每转进给率

（续）

程序内容	动作说明
N20 T0101 M03 S500;	选外圆刀粗车
N30 G00 X22 Z2;	粗车外圆
N40 G90 X16.1 Z-65 F0.2;	
N50 X14.5 Z-3;	
N60 M03 S800;	精车外圆
N70 G00 X14 Z2;	
N80 G01 Z-3 F0.1;	
N90 G03 X15.65 Z-12.1 R26;	
N100 G02 X15.15 Z-38.1 R110;	
N110 G03 X12.07 Z-60 R65;	
N120 G00 X100 Z100;	回换刀点
N130 T0202 M03 S300;	选切槽刀
N140 G00 X16 Z-64;	切断工件
N150 G01 X1 F0.08;	
N160 G00 X16;	
N170 G00 X100 Z100;	回换刀点
N180 M05;	主轴停转
N190 M30;	程序结束且复位

（3）数控车床加工

1）在 编辑 方式下输入程序。

2）在模拟加工方式下（同时按下 自动 、 空运行 、 锁住 键）进行程序校验及修整。

3）在 手动 方式下安装刀具，对刀，建立刀补，并验证对刀的正确性。

4）在 自动 方式下启动程序，单步（ 单段 ）自动加工。

5）停车后，按图样要求检测工件，对工件进行误差与质量分析。

相关知识

1. 顺/逆时针圆弧插补指令 G02、G03

圆弧插补指令使刀具在指定平面内按给定的进给速度做圆弧运动，切削出圆弧轮廓。

（1）圆弧顺/逆的判断　圆弧插补指令分为顺时针圆弧插补指令 G02 和逆时针圆弧插补指令 G03。圆弧插补的顺、逆可按图 2-40a 所示的方向判断：沿圆弧所在平面（如 X-Z 平面）的垂直坐标轴的负方向（-Y）看去，顺时针方向为 G02，逆时针方向为 G03。数控车床是两坐标的机床，只有 X 轴和 Z 轴，判断圆弧的顺/逆可按右手定则的方法将 Y 轴也加上去来考虑。图 2-40b 所示为车床上圆弧的顺、逆方向。

（2）G02、G03 指令编程格式　加工圆弧时，不仅要用 G02、G03 指出圆弧的顺/逆时针方向，用 X（U）、Z（W）指定圆弧的终点坐标，而且还要指定圆弧的中心位置。常用指定

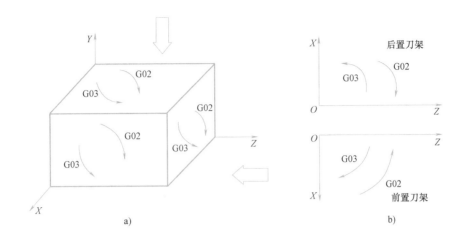

图 2-40 圆弧的顺/逆方向

圆心位置的方式有两种，因而 G02、G03 的指令格式有两种：

1）用 I、K 指定圆心位置：

指令格式：G02/G03   X（U）__ Z（W）__ I __ K __ F __；

2）用圆弧半径 R 指定圆心位置：

指令格式：G02/G03   X（U）__ Z（W）__ R __ F __；

（3）说明

1）采用绝对坐标编程时，圆弧终点坐标为圆弧终点在工件坐标系中的坐标值，用 X、Z 表示。当采用增量坐标编程时，圆弧终点坐标为圆弧终点相对于圆弧起点的坐标增量值，用 U、W 表示。

2）圆心坐标（I，K）为圆弧起点到圆弧中心点所作矢量分别在 X、Z 坐标轴方向上的分矢量（矢量方向指向圆心）。本系统 I、K 为增量值，并带有"±"号，当矢量的方向与坐标轴的方向不一致时取"－"号，如图 2-41 和图 2-42 所示。

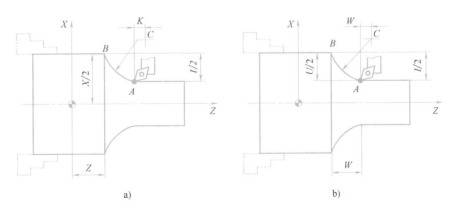

图 2-41 G02 圆弧插补指令说明

a）绝对坐标编程 b）增量坐标编程

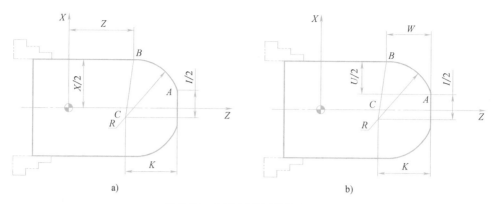

图 2-42　G03 圆弧插补指令说明

a）绝对坐标编程　b）增量坐标编程

3）R 为圆弧半径，不与 I、K 同时使用。当用半径 R 指定圆心位置时，由于在同一半径 R 的情况下，从圆弧的起点到终点有两个圆弧的可能性，为区别两者不同，规定圆心角<180°时，用 "+R" 表示，>180°时，用 "-R" 表示。用半径 R 指定圆心位置时，不能描述整圆。在数控车床上车削圆弧表面时，常常采用 R 编程方法。

（4）编程举例

【例 2-4】　试编制精加工程序，在 $\phi20$mm 的铝棒上加工出如图 2-43 所示的销轴零件。

参考程序见表 2-16。

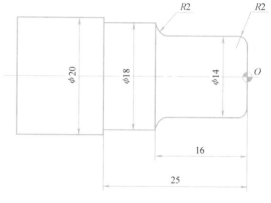

图 2-43　销轴零件

表 2-16　销轴零件精加工参考程序

程序内容	动作说明
O0232;	程序名
N10 G21 G40 G99;	米制输入，取消刀具半径补偿，每转进给率
N20 T0101 M03 S800;	选外圆车刀
N30 G00 X10 Z2;	精车各外圆表面
N40 G01 Z0 F0.2;	
N50 G03 X14 Z-2 R2;	
N60 G01 Z-14;	
N70 G02 X18 Z-16 R2;	
N80 G01 Z-25;	
N90 G01 X20;	
N100 G00 X100 Z100;	回换刀点
N110 M05;	主轴停转
N120 M30;	程序结束且复位

2. 刀尖半径补偿综述

在加工锥形和圆形工件时，由于刀尖具有圆度，只用刀具偏置很难对精密零件进行所必需的补偿。刀尖半径补偿功能可自动补偿这种误差。

如图 2-44 所示，把实际的刀尖半径中心设在起始位置要比把假想刀尖设在起始位置困难得多，因而需要假想刀尖。

当使用假想刀尖时，编程中不需要考虑刀尖半径。当刀具设定在起始位置时，位置关系如图 2-45 所示。

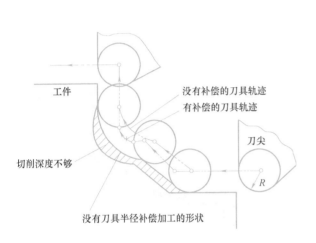

图 2-44　刀具半径补偿的刀具轨迹　　　　图 2-45　刀尖半径中心和假想刀尖

当工件精度要求不高时，可忽略此误差，否则应考虑刀尖圆弧半径对工件形状的影响。

3. 刀尖圆弧半径补偿指令 G40、G41、G42

一般数控装置都有刀具半径补偿功能，为编制程序提供了方便。有了刀具半径补偿功能，编制零件加工程序时，不需要计算刀具中心运动轨迹，只按零件轮廓编程即可。使用刀具半径补偿指令，并在控制面板上手工输入刀尖圆弧半径，数控装置便能自动地计算出刀具中心轨迹，并按刀具中心轨迹运动。即执行刀具半径补偿后，刀具自动偏离工件轮廓一个刀具半径值，从而加工出所要求的工件轮廓。

当刀具磨损或刀具重磨后，刀具半径变小，这时只需手工输入改变后的刀具半径，而不需要修改已编好的程序。

（1）补偿方向　刀尖圆弧半径补偿是通过 G41、G42、G40 代码及 T 代码指定的刀尖圆弧半径补偿号，加入或取消半径补偿的。刀具补偿方向见表 2-17，数控车床编程按后置刀架分析，外轮廓用 G42，内轮廓用 G41。刀具补偿方向如图 2-46 所示。

表 2-17　刀具补偿方向

命令	后刀架	前刀架
G40	取消补偿	取消补偿
G41	左补偿（内圆时）	右补偿（内圆时）
G42	右补偿（外圆时）	左补偿（外圆时）

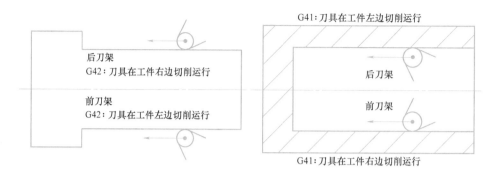

图 2-46　刀具左补偿和右补偿

G40：刀具半径补偿取消，即使用该指令后，使 G41、G42 指令无效。

（2）编程格式：

G41　G01/ G00　X（U）__ Z（W）__；

G42　G01/ G00　X（U）__ Z（W）__；

G40　G01/ G00　X（U）__ Z（W）__；

（3）说明

1）X（U）、Z（W）为建立刀补或取消刀补时，刀具移动的终点坐标。

2）G41/G42 不带参数，其补偿号（代表所用刀具对应的刀尖半径补偿值）由 T 代码指定，刀尖方向代码如图 2-47 所示（以后刀架考虑），外轮廓 T 方位 3，内轮廓 T 方位 2。刀尖圆弧补偿号与刀具偏置补偿号对应。刀尖半径补偿量由面板上的功能键 OFS/SET 进行设定修改，如图 2-48 所示，对应刀号的刀尖半径输入 R 位置，刀具方位输入对应的 T 位置。

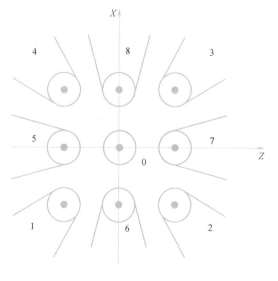

图 2-47　刀尖方向代码

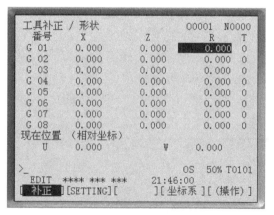

图 2-48　刀具偏置界面

3）刀尖半径补偿的建立与取消程序段只能用 G00 或 G01 指令，不能是 G02 或 G03 指令。

4）在调用新刀具前或要更改刀具补偿方向时，中间必须取消刀具补偿，目的是避免产生加工误差。

5）刀具半径补偿取消程序段在 G41 或 G42 程序段后面，使用 G40 时，刀具必须已经离开工件加工表面。

【例 2-5】 考虑刀尖圆弧半径补偿 R0.4mm，试编制如图 2-49 所示零件的精加工程序。计算得圆弧交点坐标（24，−24）。

加工参考程序见表 2-18。

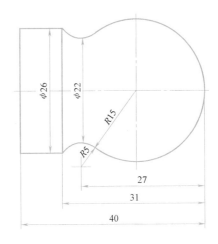

图 2-49 刀具半径补偿编程示例

表 2-18 加工参考程序

程序内容	动作说明
O0233；	程序名
N10 G21 G40 G99；	米制输入，取消刀具半径补偿，每转进给率
N20 T0101 M03 S800；	选外圆尖角刀
N30 G00 X40 Z3；	
N40 G42 G00 X0；	增加刀具半径右补偿，R0.4mm，刀具方位号 3
N50 G01 Z0 F0.1；	到达切削起点
N60 G03 X24 Z−24 R15；	车削各外圆
N70 G02 X26 Z−31 R5；	
N80 G01 Z−40；	
N90 U1；	
N100 G40 X40 Z5；	取消刀具半径补偿
N110 G00 X100 Z100；	回换刀点
N120 M05；	主轴停转
N130 M30；	程序结束且复位

任务实施

1. 零件工艺分析

1）选择夹具：选择通用夹具——自定心卡盘。

2）选择刀具：选择 93°外圆车刀车外圆及端面（刀尖圆弧半径 0.4mm），35°尖角刀车削凹凸圆弧面（刀尖圆弧半径 0.3mm），在尖角刀精加工内凹圆弧表面时，注意通过改变磨耗分层切削，以减少最小直径 φ29.48mm 处的背吃刀量。

3）选择量具：外径、长度使用游标卡尺进行测量。

4）选择切削用量

粗加工：主轴转速为 500r/min，背吃刀量为 2mm，进给速度为 0.2mm/r。

精加工：主轴转速为 1000r/min，背吃刀量为 0.3mm，进给速度为 0.1mm/r。

5) 印章零件数控加工工序卡见表 2-19。

表 2-19　印章零件数控加工工序卡

工序号	工序内容	刀具号	刀具名称	主轴转速 /(r/min)	进给量 /(mm/r)	背吃刀量 /mm
1	粗车左端各外圆	T01	外圆车刀	500	0.2	2
2	精车左端各外圆	T01	外圆车刀	1000	0.1	0.3
3	粗车右端各外圆	T01	外圆车刀	500	0.2	2
4	精车右端各外圆	T02	尖角刀	1000	0.1	0.3

2. 参考程序

印章零件左端加工参考程序见表 2-20，印章零件右端加工参考程序见表 2-21。

表 2-20　印章零件左端加工参考程序

程序内容	动作说明
O0234；	程序名
N10 G21 G40 G99；	米制输入，取消刀具半径补偿，每转进给率
N20 T0101 M03 S500；	换 01 号 93°外圆车刀，主轴转速 500r/min
N30 G00 X45 Z2；	到达粗加工起始点
N40 G90 X41 Z-31 F0.2；	分层进行粗加工
N50　　X40.6；	
N60 T0101 M03 S1000；	精加工主轴转速 1000r/min
N70 G42 G00 X0；	右补偿，T 方位 3，R0.4mm，准备精加工
N80 G01 Z0 F0.1；	精加工各表面
N90 X36；	
N100 G03 X40 Z-2 R2；	
N110 G01 Z-31；	
N120 G01 U1；	
N130 G40 G00 X100；	取消刀具半径补偿
N140 Z100；	回换刀点
N150 M05；	主轴停转
N160 M30；	程序结束且复位

表 2-21　印章零件右端加工参考程序

程序内容	动作说明
O0235；	程序名
N10 G21 G40 G99；	米制输入，取消刀具半径补偿，每转进给率
N20 T0101 M03 S500；	换 01 号 93°外圆车刀，主轴转速 500r/min
N30 G00 X45 Z2；	到达粗加工起始点

（续）

程序内容	动作说明
N40 G90 X41 Z-31 F0.2;	分层进行粗加工
N50　　X40.6;	
N60 M00	
N70 T0202 M03 S1000;	准备精加工，注意改磨耗分层加工
N80 G00 X45 Z2;	到达精加工起始点
N90 G42 G00 X0;	右补偿，T方位3，R0.4mm，准备精加工
N100 G01 Z0 F0.1;	精加工各表面
N110 G03 X29.48 Z-33.52 R20;	
N120 G02 X32.84 Z-59.53 R30;	
N130 G02 X35.41 Z-60 R2;	
N140 G01 X36;	
N150 G03 X40 W-2 R2;	
N160 G01 U1;	
N170 G40 G00 X100;	取消刀具半径补偿
N180 Z100;	回换刀点
N190 M05;	主轴停转
N200 M30;	程序结束且复位

3. 设置刀具补偿参数

在数控车床上输入程序后需要进行对刀操作，本次任务运用了刀具半径补偿指令，因此在刀具补偿界面必须输入相应的刀尖半径和刀具方位角，如图 2-50 所示，在 01 号刀补对应的 R 位置输入 0.4mm，T 方位输入 3 位；在 02 号刀补对应的 R 位置输入 0.3mm，T 方位输入 3 位，输入方法是：移动光标至 G002 的 T 位置，按数字键 3，按 [输入] 软键。

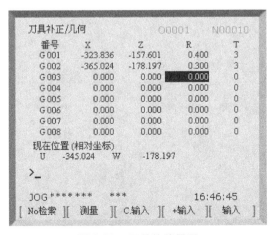

图 2-50　刀具补偿界面

4. 零件检测与评分

零件加工完成后，按图样要求检测工件，对工件进行质量分析，评价标准见表 2-22。

表 2-22　印章零件检测与评价标准

班级				姓名		学号	
任务名称			印章的编程与加工		零件图号		图 2-38
		序号	检测内容	配分	学生自评		教师评分
基本检查	编程	1	加工工艺路线制订正确	5			
		2	切削用量选择合理	5			
		3	程序正确	10			
	操作	4	设备操作、维护保养正确	10			
		5	安全、文明生产	10			
		6	刀具选择、安装正确规范	5			
		7	工件找正、安装正确规范	5			
工作态度		8	纪律表现	5			
外圆		9	$\phi40$mm	10			
		10	$\phi35.41$mm	10			
圆弧		11	$R20$mm	5			
		12	$R30$mm	5			
		13	$R2$mm（3 处）	6			
长度		14	33.52mm	3			
		15	30mm	3			
		16	90mm	3			
综合得分				100			

任务拓展

编程加工如图 2-51 所示的手柄零件。

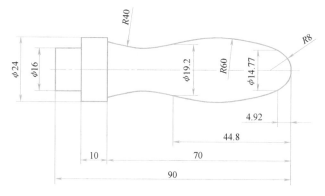

图 2-51　手柄零件

项目 3

连接轴的制作

任务 1　阶梯轴的编程与加工

学习目标

1）熟练掌握零件自动加工的方法。

2）掌握 G70、G71 等循环编程指令及其应用。

3）通过阶梯轴零件的加工掌握尺寸精度控制方法。

4）能通过正确检测工件来验证工件加工的正确性。

任务布置

试编程加工如图 3-1 所示的阶梯轴零件，零件三维效果图如图 3-2 所示。已知零件毛坯为 $\phi20\text{mm}$ 铝棒。

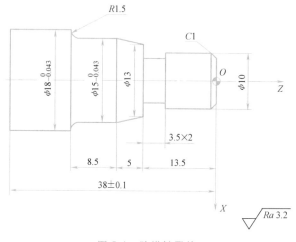

图 3-1　阶梯轴零件

图 3-2　阶梯轴零件三维效果图

任务分析

完成该零件的编程加工需要以下步骤：

1）拟订该阶梯轴零件的加工工艺。

2）该零件加工表面由端面、外圆柱面、外圆锥面、外圆弧面和退刀槽组成。正确使用 G00、G01、G02、G03、G70、G71 等指令编制工件轮廓加工程序。

3）输入程序并检验、单步执行、空运行、锁住完成零件模拟加工；选择车削加工常用的夹具（如自定心卡盘等）装夹工件毛坯；选择、安装和调整数控车床外圆车刀以及切槽刀；进行 X、Z 向对刀，设定工件坐标系；选择自动工作方式，按程序进行自动加工，完成外圆柱面、外圆锥面、外圆弧面和退刀槽面的切削加工。

4）检测已加工零件，分析零件加工质量，对不足之处提出改进意见。

案例体验

【例 3-1】 在 FANUC 0i-MATE TC 数控车床上加工如图 3-3 所示的阶梯轴零件，毛坯为 $\phi40mm$ 棒料。

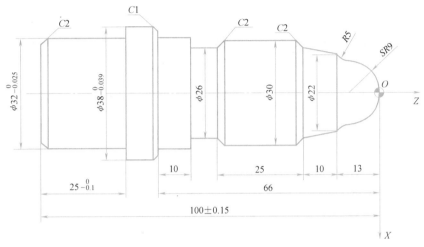

图 3-3 阶梯轴零件图

（1）零件工艺分析 该零件可分两次安装，

安装 1：用自定心卡盘夹持棒料一端，夹长 60mm；

安装 2：用铜皮包住已加工过的 $\phi32mm$ 圆柱面，夹长 25mm。

数控加工工序卡见表 3-1，数控加工刀具卡片见表 3-2。

表 3-1 数控加工工序卡

工序号	工序内容（进给路线）	主轴转速 /（r/min）	进给量 /（mm/r）	背吃刀量 /mm
1	切削左端面	500	0.15	
2	粗车左端外形轮廓	500	0.2	1
3	精车左端外形轮廓	800	0.1	0.3
4	调头手动切削右端面	500	0.15	
5	粗车右端外形轮廓	500	0.2	1
6	精车右端外形轮廓	800	0.1	0.3
7	切槽	300	0.08	

表 3-2 数控加工刀具卡片

序号	刀具号	刀具名称及规格	加工表面
1	T01	93°外圆粗车车刀右偏刀	车端面、粗车外形
2	T02	93°外圆精车右偏刀	精车外形
3	T03	切槽刀，刀宽 4mm	切槽

（2）参考程序 零件左端粗、精车参考程序见表 3-3，零件右端粗、精车参考程序见表 3-4。

表 3-3　粗、精加工左端参考程序

程序内容	动作说明
O0311；	程序名
N10 G21 G40 G99；	米制输入,取消刀具半径补偿,每转进给率
N20 T0101 M03 S500；	选外圆粗车车刀
N30 G00 X41 Z2；	快速到达循环起点
N40 G71 U1 R1	调用粗车循环,粗车左端各外圆
N50 G71 P60 Q110 U0.6 F0.2；	
N60 G00 X28；	
N70 G01 Z0 F0.1；	
N80 X32 Z-2；	
N90 Z-25；	
N100 X38；	
N110 Z-38；	
N120 G00 X100 Z100；	回换刀点
N130 M05；	主轴停转
N140 M00；	程序暂停检测工件
N150 T0202 M03 S800；	准备精加工
N160 G00 X41 Z2；	快速到达循环起点
N170 G70 P60 Q110；	调用精车循环,精车左端外圆
N180 G00 X100 Z100；	回换刀点
N190 M05；	主轴停转
N200 M30；	程序结束且复位

表 3-4　粗、精加工右端参考程序

程序内容	动作说明
O0312；	程序名
N10 G21 G40 G99；	米制输入,取消刀具半径补偿,每转进给率
N20 T0101 M03 S500；	选外圆粗车车刀
N30 G00 X41 Z2；	快速到达循环起点
N40 G71 U1 R1；	调用粗车循环,粗车右端各外圆
N50 G71 P50 Q160 U0.6 F0.2；	
N60 G00 X0；	
N70 G01 Z0 F0.1；	
N80 G03 X18 Z-9 R9；	
N90 G02 X22 Z-13 R5；	
N100 G01 X26 Z-23；	
N110 X30 Z-25；	

（续）

程序内容	动作说明
N120 Z-56；	
N130 X32；	
N140 Z-66；	
N150 X36；	
N160 X38 W-1；	
N170 G00 X100 Z100；	回换刀点
N180 M05；	主轴停转
N190 M00；	程序暂停检测工件
N200 T0202 M03 S800；	准备精加工
N210 G00 X41 Z2；	快速到达循环起点
N220 G70 P50 Q160；	调用精车循环，精车右端外圆
N230 G00 X100 Z100；	回换刀点
N240 T0303 M03 S300；	选切槽刀
N250 G00 X34 Z-52；	切槽
N260 G01 X26.4 F0.08；	
N270 G00 X34；	
N280 Z-56；	
N290 G01 X26 F0.08；	
N300 G04 X1；	
N310 G01 Z-52 F0.08；	
N320 G01 X30 W2；	
N330 G00 X34；	
N340 G00 X100 Z100；	回换刀点
N350 M05；	主轴停转
N360 M30；	程序结束且复位

 相关知识

　　轴类零件的毛坯大多为圆柱棒料或铸造、锻造毛坯，余量较大。在数控车床上加工轴类零件的方法与在普通车床的加工方法大体一致，都遵循"先粗后精""由大到小"等基本原则，就是先对工件整体进行粗车，然后进行半精车、精车。如果在半精车与精车之间不安排热处理工序，则半精车和精车就可以在一次装夹中完成。"由大到小"是指在车削时，先从工件的最大直径处开始车削，然后依次往小直径处进行加工。在数控车床上精车轴类工件时，往往从工件的最右端开始连续不间断地完成整个工件的切削。

　　对于单一固定循环加工指令 G90 等，虽然能够简化编程，但是加工时空行程较多，不利于提高加工生产率。利用复合固定循环指令，对零件的轮廓定义之后，即可完成从粗加工到精加工的全过程，不但使编程得到简化，而且加工时空行程少，加工生产率也可以提高。

常见的复合固定循环指令有 G70、G71、G72、G73、G74、G75 等。

内/外圆粗、精车复合固定循环指令 G71、G70

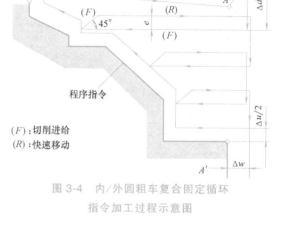

1. 内/外圆粗车复合固定循环指令 G71

内/外圆粗车复合固定循环指令适用于毛坯为圆柱棒料，需要多次进给才能完成的轴套类零件的内、外圆柱面粗加工，进给路线如图 3-4 所示。

图 3-4 内/外圆粗车复合固定循环指令加工过程示意图

编程格式：

G00 X$\underline{\alpha}$ Z$\underline{\beta}$;

G71 U$\underline{\Delta d}$ R$\underline{e}$;

G71 P$\underline{ns}$ Q$\underline{nf}$ U$\underline{\Delta u}$ W$\underline{\Delta w}$ F$\underline{f}$ S$\underline{s}$ T$\underline{t}$;

α、β：粗车循环起刀点位置坐标。

Δd：背吃刀量（半径值），不带符号，切削方向决定于 AA' 方向。该值是模态的。

e：回刀时 X 轴方向退刀量，该值是模态值，直到其他值指定前不改变。

ns、nf：粗加工程序段的开始程序段号、结束程序段号。

Δu、Δw：X 轴、Z 轴方向精加工余量的距离和方向。

f、s、t：粗加工时的进给速度、主轴转速以及使用的刀具号。

说明：

1）Δu 和 Δw 的符号如图 3-5 所示（直线和圆弧插补都可执行）。

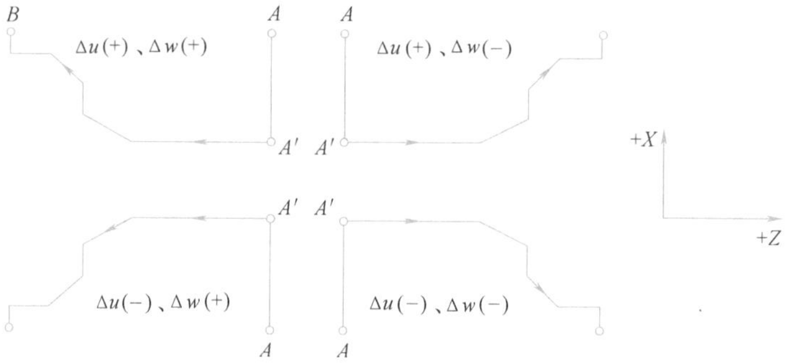

图 3-5 内、外圆粗车复合固定循环指令符号示意图

2）A 和 A' 之间的刀具轨迹是在包含 G00 或 G01 顺序号为“ns”的程序段中指定的，并且在这个程序段中，不能指定 Z 轴的运动指令。当 A 和 A' 之间的刀具轨迹用 G00/G01 编程时，沿 AA' 的运动是以 G00/G01 方式完成的。A' 和 B 之间的刀具轨迹在 X 和 Z 方向必须单调增加或减少。

3）在使用 G71 进行粗加工时，只有含在 G71 程序段中的 F、S、T 功能才有效，而包含在 ns、nf 程序段中的 F、S、T 功能即使被指定，也只对精加工循环有效，对粗车循环无效。粗车循环可以进行刀具补偿。

4）当用恒表面切削速度控制时，在 A 点和 B 点间的运动指令中指定的 G96 或 G97 无效，而在 G71 程序段或以前的程序段中指定的 G96 或 G97 有效。

5）顺序号“ns”和“nf”之间的程序段不能调用子程序。

2. 精车复合固定循环指令 G70

编程格式：

G70 P$\underline{ns}$ Q$\underline{nf}$;

ns：精加工的开始程序段号。

nf：精加工的结束程序段号。

说明：

1）G70 指令不能单独使用，只能配合 G71、G72、G73 指令使用，完成精加工固定循环，即当用 G71、G72、G73 指令粗车工件后，用 G70 指令来指定精车固定循环，切除粗加工留下的余量。

2）在这里，G71、G72、G73 程序段中的 F、S、T 的功能都无效，只有在 *ns*、*nf* 程序段中的才有效。当 *ns~nf* 程序段中不指定时，粗车循环中的 F、S、T 功能才有效。

3. 多重循环（G70、G71）**注意事项**

1）G71 指令中由地址 P 指定的程序段中，应当指令 G00 或 G01 组。

2）在 MDI 方式下，不能指令 G70、G71。

3）在 G70、G71 指令的程序段中，由 P 和 Q 指定的顺序号之间，不能指令 M98（子程序调用）和 M99（子程序结束）。

4）在 P 和 Q 指定的顺序号之间的程序段中，不能指定下列指令：

① 除 G04（暂停）以外的非模态 G 代码。

② 06 组 G 代码。

5）正在执行多重循环时，可停止循环而进行手动操作。但是，当重新启动循环操作时，刀具应当返回到循环操作停止的位置。

6）刀尖半径补偿不能用于 G71、G72、G73、G74、G75 或 G76 指令。

任务实施

1. 零件工艺分析

1）选择夹具：选择通用夹具——自定心卡盘。

2）选择刀具：选择外圆车刀车外圆及端面，选择切槽刀（刀具宽度为 3.5mm）切断工件。

3）选择量具：外径、长度使用游标卡尺进行测量。

4）加工工艺路线参考：首先粗、精车外圆至尺寸，再切槽，最后切断工件。数控加工工序卡见表 3-5。

表 3-5 零件数控加工工序卡

工序号	工序内容	主轴转速 /(r/min)	进给量 /(mm/r)	背吃刀量 /mm	循环起点坐标
1	粗车外圆	500	2	0.2	(21,2)
2	精车外圆	800	0.3	0.1	(21,2)
3	切槽	400		0.08	(15,-13.5)
4	切断	400		0.08	(19,-40)

2. 参考程序

零件加工参考程序见表 3-6。

表 3-6　零件加工参考程序

程序内容	动作说明
O0313;	程序名
N10 G21 G40 G99;	米制输入,取消刀具半径补偿,每转进给率
N20 T0101 M03 S500;	选外圆粗车刀
N30 G00 X21 Z2;	快速到达循环起点
N40 G71 U1 R1;	调用粗车循环,粗车外圆
N50 G71 P60 Q140 U0.6 F0.2;	
N60 G00 X8;	
N70 G01 Z0 F0.1;	
N80 X10 Z-1;	
N90 Z-13.5;	
N100 X13;	
N110 X15 Z-18.5;	
N120 Z-25.5;	
N130 G02 X18 Z-27 R1.5;	
N140 G01 Z-40;	
N150 G00 X100 Z100;	回换刀点
N160 M05;	主轴停转
N170 M00;	暂停检测工件
N180 T0101 M03 S800;	准备精加工
N190 G00 X21 Z2;	快速到达循环起点
N200 G70 P60 Q140;	调用精车循环,精车外圆
N210 G00 X100 Z100;	回换刀点
N220 T0202 M03 400;	选切槽刀
N230 G00 X15 Z-13.5;	切槽
N240 G01 X6 F0.08;	
N250 G00 X15;	径向退刀
N260 G00 X100 Z100;	回换刀点
N270 M05;	主轴停转
N280 M30;	程序结束且复位

3. 零件检测与评分

零件加工完成后,按图样要求检测工件,对工件进行质量分析,评价标准见表 3-7。

表 3-7　零件检测与评价标准

班级			姓名			学号	
任务名称			阶梯轴的编程与加工		零件图号		图 3-6
		序号	检测内容	配分		学生自评	教师评分
基本检查	编程	1	加工工艺路线制订正确	5			
		2	切削用量选择合理	5			
		3	程序正确	5			
	操作	4	设备操作、维护保养正确	5			
		5	安全、文明生产	5			
		6	刀具选择、安装正确规范	5			
		7	工件找正、安装正确规范	5			

（续）

任务名称		阶梯轴的编程与加工	零件图号	图 3-6
工作态度	8	纪律表现	5	
外圆	9	$\phi 18_{-0.043}^{0}$ mm $Ra3.2$	7	
			2	
	10	$\phi 15_{-0.043}^{0}$ mm $Ra3.2$	7	
			2	
	11	$\phi 10$mm $Ra3.2$	7	
			2	
	12	$\phi 13$mm	2	
长度	13	38±0.1mm	4	
	14	13.5mm	2	
	15	8.5mm	2	
	16	5mm	2	
槽	17	3.5mm×2mm	6	
倒角	18	1 处	4	
倒圆弧	19	1 处	4	
锥面轮廓	20	未完成轮廓加工不得分	7	
综合得分			100	

任务拓展

完成如图 3-6 所示阶梯轴零件的数控编程与加工。

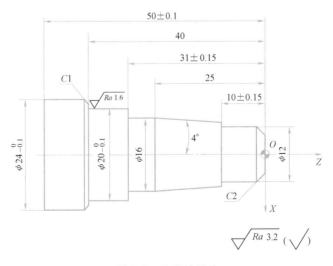

图 3-6 阶梯轴零件

任务 2　螺栓的编程与加工

学习目标

1）掌握螺纹表面切削参数的计算方法。

2）能用单段车削螺纹加工指令 G32 正确编写螺纹加工程序。

3）能用单一固定循环车削螺纹加工指令 G92 正确编写螺纹加工程序。

4）能正确对刀，设置加工坐标原点并验证螺纹车刀对刀的正确性。

5）掌握使用常用量具检测外圆、长度及螺纹的方法。

6）能完成螺纹轴零件的自动加工，掌握零件数控车削的基本操作方法。

任务布置

试编程加工如图 3-7 所示的螺栓零件，零件毛坯为 $\phi25mm\times80mm$ 铝棒。

任务分析

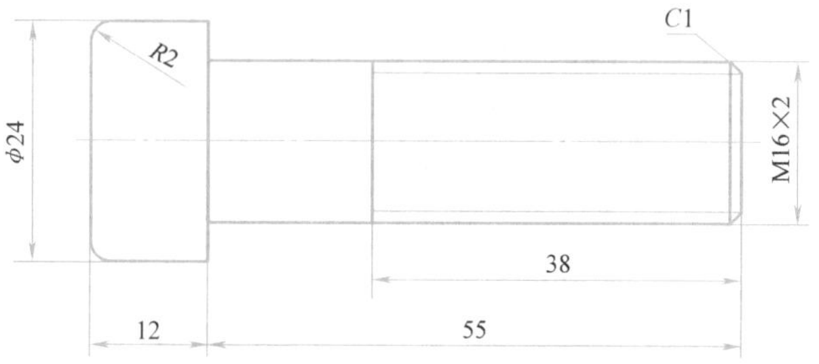

完成螺栓零件加工需要以下步骤：

1）拟订该螺栓零件的加工工艺。

2）根据螺纹外径及螺距计算螺纹小径，根据加工余量合理分配分层切削深度。

图 3-7　螺栓零件

3）该零件加工表面由端面、外圆柱面、退刀槽和外螺纹面组成。正确使用 G00、G01、G02、G03、G71、G32、G92 等指令编制工件轮廓加工程序。

4）输入程序并检验、单步执行、空运行、锁住完成零件模拟加工；选择车削加工常用的夹具（如自定心卡盘等）装夹工件毛坯；选择、安装和调整数控车床外圆车刀、切槽刀以及螺纹车刀；进行 X、Z 向对刀，设定工件坐标系；选择自动工作方式，按程序进行自动加工，完成外圆柱面、退刀槽以及外螺纹面的切削加工。

5）检测已加工零件，分析零件加工质量，对不足之处提出改进意见。

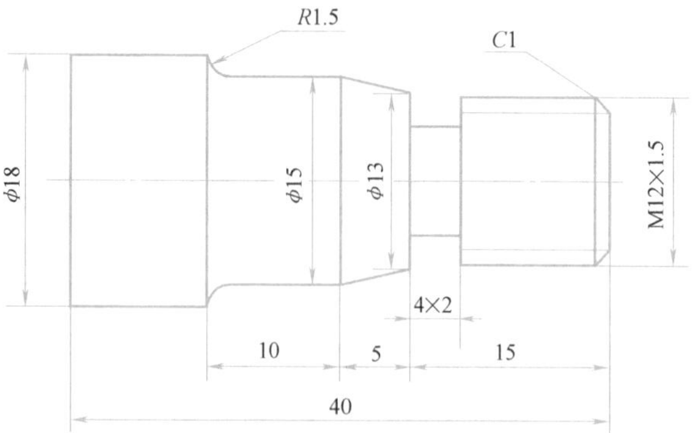

案例体验

【例 3-2】　螺纹轴类零件如图 3-8所示，试编制加工程序并在数控车床上加工出来。

图 3-8　螺纹轴类零件

（1）零件工艺分析

1）选择夹具：选择自定心卡盘。

2）选择刀具：选择93°外圆车刀车端面及外圆，用宽4mm切槽刀切削退刀槽，用60°外螺纹车刀车削外螺纹。

3）选择量具：外径、长度使用游标卡尺进行测量，螺纹外径使用三针法测量中径。

4）选择切削用量：

外圆粗加工：主轴转速为500r/min，背吃刀量为2mm，进给量为0.2mm/r。

外圆精加工：主轴转速为1000r/min，背吃刀量为0.3mm，进给量为0.1mm/r。

退刀槽加工：主轴转速为400r/min，进给量为0.08mm/r。

外螺纹加工：主轴转速为300r/min，背吃刀量为0.8mm、0.5mm、0.2mm、0.12mm，进给量为1.5mm/r。

螺纹轴零件数控加工工序卡见表3-8。

表3-8 螺纹轴零件数控加工工序卡

工序号	工序内容	刀具号	刀具名称	主轴转速 /(r/min)	进给量 /(mm/r)	背吃刀量 /mm
1	粗车各外圆	T01	外圆车刀	500	0.2	2
2	精车各外圆	T01	外圆车刀	1000	0.1	0.3
3	切退刀槽	T02	切槽刀	400	0.08	
4	切外螺纹	T03	外螺纹车刀	300	1.5	0.8、0.5、0.2、0.12
5	切断	T02	切槽刀	400	0.08	

（2）参考程序 螺纹轴加工参考程序见表3-9。

表3-9 螺纹轴加工参考程序

程序内容	动作说明
O0321;	程序名
N10 G21 G40 G99;	米制输入，取消刀补，每转进给
N20 T0101 M03 S500;	换01号外圆刀，主轴转速500r/min
N30 G00 X20 Z2;	刀具到达粗加工循环起点
N40 G71 U2 R1;	调用粗车循环，粗车各台阶外圆
N50 G71 P60 Q140 U0.6 F0.2;	
N60 G00 X10;	
N70 G01 Z0 F0.1;	
N80 X12 Z-1;	
N90 Z-15;	
N100 X13;	
N110 X15 Z-20;	
N120 Z-28.5;	
N130 G02 X18 Z-30 R1.5;	
N140 G01 Z-40;	

（续）

程序内容		动作说明
N150 G00 X100 Z100;		回换刀点
N160 M05;		主轴停转
N170 M00;		暂停检测工件
N180 T0101 M03 S1000;		准备精加工
N190 G00 X20 Z2;		刀具到达精加工循环起点
N200 G70 P60 Q140;		调用精车循环,精车各台阶外圆
N210 G00 X100 Z100;		回换刀点
N220 T0202 M03 S400;		换 02 号切槽刀,主轴转速 400r/min
N230 G00 X14 Z-15;		到达切削退刀槽起始点
N240 G01 X8 F0.08;		切退刀槽
N250 X14;		
N260 G00 X100 Z100;		回换刀点
N270 T0303 M03 S300;		换 03 号螺纹刀,主轴转速 300r/min
N280 G00 X13 Z2;		到达切削外螺纹起始点
N290 X11.2;		
N300 G32 Z-13 F1.5;	G92 X11.2 Z-13 F1.5;	第一层切削螺纹
N310 G00 X13;		
N320 Z2;		
N330 X10.7;		
N340 G32 Z-13 F1.5;	X10.7;	第二层切削螺纹
N350 G00 X13;		
N360 Z2;		
N370 X10.5;		
N380 G32 Z-13 F1.5;	X10.5;	第三层切削螺纹
N390 G00 X13;		
N400 Z2;		
N410 X10.38;		
N420 G32 Z-13 F1.5;	X10.38;	第四层切削螺纹
N430 G00 X13;		
N440 Z2;		
N450 G00 X100 Z100;		回换刀点
N460 M05;		主轴停转
N470 M30;		程序结束且复位

 相关知识

1. 螺纹切削参数的计算和选择

用数控车床可以加工圆柱面螺纹、圆锥面螺纹以及端面螺纹,尤其是普通车床不能加工的特殊螺距的螺纹、变螺距的螺纹在数控车床上也能加工。螺纹加工编程指令可分为单段车削螺纹加工指令、单一循环车削螺纹指令和复合循环车削螺纹指令。车削螺纹时应注意以下两个问题：

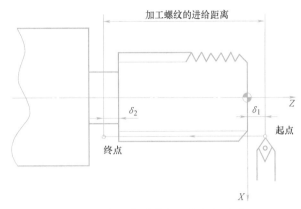

图3-9 加工螺纹的切入段和切出段

1）车削螺纹时一定要有切入段 δ_1 和切出段 δ_2，如图3-9所示。在数控车床上加工螺纹时，沿螺距方向进给速度与主轴转速之间有严格的匹配关系（即主轴转一转，刀具移动一个导程），为避免在进给机构加速和减速过程中产生螺距误差，加工螺纹时一定要有切入段 δ_1 和切出段 δ_2。另外，留有切入段 δ_1 可以避免刀具与工件相碰，留有切出段 δ_2 可以避免螺纹加工不完整。切入段 δ_1 和切出段 δ_2 的大小与进给系统的动态特性和螺纹精度有关，一般 $\delta_1 = 2 \sim 5\text{mm}$，$\delta_2 = 1.5 \sim 3\text{mm}$。

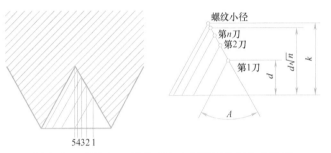

图3-10 螺纹加工进给的各次切削深度规律分配图

2）螺纹加工一般需要多次进给，各次的切削深度应按递减规律分配，如图3-10所示。由图3-10不难分析出，如果各次的切削深度不按递减规律分配，就会使切削面积逐渐增大，而使切削力逐渐增大，从而影响加工精度。螺纹切削共有三种进给方式，见表3-10。

表3-10 切削螺纹进给方式

进给方式	图 示	特点及应用
直进法		切削力大，易扎刀，切削用量小，牙型精度高 适于加工 $P<3\text{mm}$ 的普通螺纹及精加工 $P>3\text{mm}$ 的螺纹
斜进法		切削力小，不易扎刀，切削用量大，牙型精度低，表面粗糙度值大 适于加工 $P \geqslant 3\text{mm}$ 的螺纹

（续）

进给方式	图　　示	特点及应用
左右借刀法		切削力小,不易扎刀,切削用量大,牙型精度低,表面粗糙度值小 适于粗、精加工 $P \geq 3\text{mm}$ 的螺纹

3）螺纹加工牙深计算。在数控车床上车削米制螺纹时，牙深计算公式 $H = 1.0825 \times$ 螺距，其中 H 为直径量。牙底直径=公称外径$-H$。

常用普通米制螺纹加工进给次数与分层切削深度见表 3-11。

表 3-11　常用普通米制螺纹加工进给次数与分层切削深度　　（单位：mm）

螺距		1.0	1.5	2.0	2.5	3.0	3.5	4.0
牙型高度		0.54	0.81	1.08	1.35	1.62	1.89	2.17
进给次数及分层切削深度（直径）	1 次	0.6	0.8	0.9	1.0	1.2	1.2	1.5
	2 次	0.3	0.5	0.6	0.7	0.7	0.7	0.7
	3 次	0.18	0.2	0.3	0.4	0.4	0.6	0.6
	4 次		0.12	0.2	0.3	0.4	0.4	0.4
	5 次			0.16	0.2	0.4	0.4	0.4
	6 次				0.1	0.2	0.2	0.2
	7 次					0.14	0.2	0.2
	8 次						0.08	0.2
	9 次							0.14

2. 单段车削螺纹加工指令 G32

G32 又称为单行程螺纹切削指令，它既可以加工圆柱面螺纹，也可以加工圆锥面螺纹，还可以加工端面螺纹，如图 3-11 所示。

单段车削螺纹
加工指令 G32

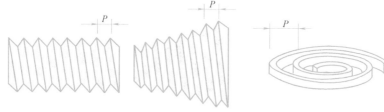

图 3-11　等螺距螺纹加工指令及应用

编程格式：G32　X（U）__ Z（W）__ F __；

其中，X（U）、Z（W）为加工螺纹段牙底的终点坐标值。

起点和终点的 X 坐标值相同（不输入 X 或 U）时，进行直螺纹（圆柱螺纹）切削，如图 3-12 所示；Z 坐标值相同（不输入 Z 或 W）时，进行端面螺纹切削；X、Z 均不省略时，进行圆锥螺纹切削。

说明：

1）主轴转速不应过高，尤其是大导程螺纹，过高的转速使进给速度太快而引起加工不正常。推荐最高转速计算公式：主轴转速（r/min）$\leq 1200/P_h$（导程）-80。

2）要设置足够的切入（δ_1）、切出空刀量（δ_2）。为了能在伺服电动机正常运转的情况下切削螺纹，应在切削螺纹方向有足够的空切削长度。

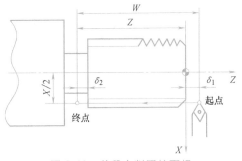

图 3-12 单段车削圆柱面螺纹指令加工过程示意图

3）对于圆锥面螺纹加工，其斜角小于或等于45°时，螺纹导程以 Z 轴方向指定；其斜角大于45°且小于或等于90°时，螺纹导程以 X 轴方向指定。

【例 3-3】 试使用 G32 指令编写如图 3-13 所示的 M30×1.5mm 螺纹的加工程序。

M30×1.5mm 螺纹的螺距为 1.5mm，查表 3-11 可知，螺纹切削分四次进给，其各次切削深度（直径值）分别为：$d_1 = 0.8mm$，$d_2 = 0.5mm$，$d_3 = 0.2mm$，$d_4 = 0.12mm$，则四次螺纹加工的起始点坐标分别为（29.2，3）、（28.7，3）、（28.5，3）、（28.38，3）。参考程序见表 3-12。

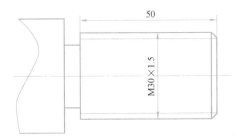

图 3-13 车削圆柱面螺纹指令应用举例

表 3-12 使用 G32 指令加工螺纹参考程序

程序内容	动作说明
O0322;	程序名
N10 G21 G40 G99;	米制输入,取消刀具半径补偿,每转进给率
N20 T0101 M03 S300;	选螺纹车刀,主轴转速300r/min
N30 G00 X35 Z3;	快速到达螺纹起始点径向外侧
N40 X29.2 M08;	$d_1 = 0.8mm$
N50 G32 Z-52 F1.5;	第1刀车削螺纹
N60 G00 X35;	沿径向退出
N70 Z3;	快速返回起刀点
N80 X28.7;	$d_2 = 0.5mm$
N90 G32 Z-52 F1.5;	第2刀车削螺纹
N100 G00 X35;	沿径向退出
N110 Z3;	快速返回起刀点
N120 X28.5;	$d_3 = 0.2mm$
N130 G32 Z-52 F1.5;	第3刀车削螺纹
N140 G00 X35;	沿径向退出

（续）

程序内容	动作说明
N150 Z3;	快速返回起刀点
N160 X28.38;	$d_4 = 0.12mm$
N170 G32　Z-52　F1.5;	第4刀车削螺纹
N180 G00 X100 M09;	沿径向退出
N190 Z100;	快速返回换刀点
N200 M05;	主轴停转
N210 M30;	程序结束且复位

单一固定循环车削螺纹加工指令 G92

3. 单一固定循环车削螺纹加工指令 G92

单一固定循环车削螺纹加工指令 G92 可以把一系列连续加工动作，如"切入→切削→退刀→返回"，用一个循环指令完成，从而简化编程。如图 3-14 所示（图中 R 表示 G00 快速移动，F 表示 G92 切削进给），刀具切削螺纹运动过程为 $1R \rightarrow 2F \rightarrow 3R \rightarrow 4R$。

1）圆柱面单一固定循环螺纹加工指令。

编程格式：G92　X（U）__ Z（W）__ F __;

其中　X、Z——车削螺纹段的终点绝对坐标值；

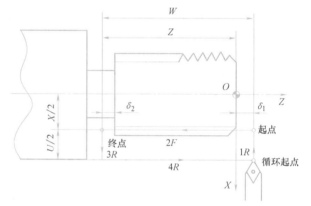

图 3-14　单一固定循环螺纹加工指令加工示意图

　　　U、W——车削螺纹段的终点相对于循环起点的增量坐标值；

　　　F——螺纹的导程（单线螺纹为螺距）。

2）圆锥螺纹切削循环指令。

编程格式：G92　X（U）__ Z（W）__ R __ F __;

其中　X、Z——车削螺纹段的终点绝对坐标值；

　　　U、W——车削螺纹段的终点相对于循环起点的增量坐标值；

　　　R——螺纹部分半径之差，即螺纹切削始点与切削终点的半径差（加工圆锥螺纹时，当 X 向切削起始点坐标小于切削终点坐标时，R 为负，反之为正，判断方法同 G90）；

　　　F——螺纹的导程（单线螺纹为螺距）。

【例 3-4】　试使用 G92 指令编写如图 3-13 所示的 M30×1.5mm 螺纹的加工程序。

M30×1.5mm 的螺纹其螺距为 1.5mm，查表 3-11 可知，螺纹切削分四次进给，其各次切削深度（直径值）分别为：$d_1 = 0.8mm$、$d_2 = 0.5mm$、$d_3 = 0.2mm$、$d_4 = 0.12mm$，则四次螺纹加工的起始点坐标分别为（29.2，3）、（28.7，3）、（28.5，3）、（28.38，3）。参考程序见表 3-13。

表 3-13 使用 G92 指令加工螺纹参考程序

程序内容	动作说明
O0323;	程序名
N10 G21 G40 G99;	米制输入,取消刀具半径补偿,每转进给率
N20 T0101 M03 S300;	选螺纹车刀,主轴转速 300r/min
N30 G00 X35 Z3;	快速到达螺纹起始点径向外侧
N40 G92 X29.2 Z-52 F1.5;	第 1 刀车削螺纹 $d_1 = 0.8$mm
N50 X28.7;	第 2 刀车削螺纹 $d_2 = 0.5$mm
N60 X28.5;	第 3 刀车削螺纹 $d_3 = 0.2$mm
N70 X28.38;	第 4 刀车削螺纹 $d_4 = 0.12$mm
N80 G00 X100 Z100;	快速返回换刀点
N90 M05;	主轴停转
N100 M30;	程序结束且复位

任务实施

1. 零件工艺分析

1）选择夹具：选择通用夹具——自定心卡盘。

2）选择刀具：选择 93°外圆车刀车端面及外圆；60°外螺纹车刀车削外螺纹。

3）选择量具：外径、长度使用游标卡尺进行测量；螺纹外径使用三针法测量中径。

4）选择切削用量

外圆粗加工：主轴转速为 500r/min，背吃刀量为 2mm，进给量为 0.2mm/r。

外圆精加工：主轴转速为 1000r/min，背吃刀量为 0.3mm，进给量为 0.1mm/r。

外螺纹加工：主轴转速为 300r/min，背吃刀量为 0.9mm、0.6mm、0.3mm、0.2mm、0.16mm，进给量为 0.2mm/r。

车削螺纹外圆时要比螺纹大径小 0.2mm，便于加工装配，所以 M16×2mm 的螺纹外圆表面切至 ϕ15.8mm。查表 3-11 或通过计算得牙深 = 1.08×2/2mm = 1.08mm，螺纹切削余量 = 2×1.08mm = 2.16mm；螺纹牙底直径 = 15.8mm−2.16mm = 13.64mm。

螺栓零件数控加工工序卡见表 3-14。

表 3-14 螺栓零件数控加工工序卡

工序号	工序内容	刀具号	刀具名称	主轴转速 /（r/min）	进给量 /（mm/r）	背吃刀量 /mm
1	粗车左端外圆	T01	外圆车刀	500	0.2	2
2	精车左端外圆	T01	外圆车刀	1000	0.1	0.3
3	粗车右端外圆	T01	外圆车刀	500	0.2	2
4	精车右端外圆	T01	外圆车刀	1000	0.1	0.3
5	切外螺纹	T02	60°外螺纹车刀	300	0.2	0.9、0.6、0.3、0.2、0.16

2. 参考程序

加工左端参考程序见表 3-15，加工右端参考程序见表 3-16。

表 3-15　螺栓零件左端加工参考程序

程序内容	动作说明
O0324；	程序名
N10 G21 G40 G99；	米制输入，取消刀具半径补偿，每转进给率
N20 T0101 M03 S500；	换 01 号外圆刀， 粗加工主轴转速 500r/min
N30 G00 X21 Z2；	刀具到达粗加工切削循环起始点
N40 G71 U2 R1；	调用粗车循环，粗车各台阶外圆
N50 G71 P60 Q90 U0.6 F0.2；	
N60 G00 X20；	
N70 G01 Z0 F0.1；	
N80 G03 X24 Z-2 R2；	
N90 G01 Z-15；	
N100 G00 X100 Z100；	回换刀点
N110 M05；	主轴停转
N120 M00；	暂停以检测工件
N130 T0101 M03 S1000；	准备精加工
N140 G00 X21 Z2；	精车外圆循环起点
N150 G70 P60 Q90	调用精车循环，精车各台阶外圆
N160 G00 X100 Z100；	回换刀点
N170 M05；	主轴停转
N180 M30；	程序结束且复位

表 3-16　螺栓零件右端加工参考程序

程序内容	动作说明
O0325；	程序名
N10 G21 G40 G99；	米制输入，取消刀具半径补偿，每转进给率
N20 T0101 M03 S500；	换 01 号外圆刀， 粗加工主轴转速 500 r/min
N30 G00 X21 Z2；	刀具到达粗加工切削循环起始点
N40 G71 U2 R1；	调用粗车循环，粗车各台阶外圆
N50 G71 P60 Q90 U0.6 F0.2；	
N60 G00 X13.8；	
N70 G01 Z0 F0.1；	
N80 X15.8 Z-1；	
N90 Z-55；	
N100 G00 X100 Z100；	回换刀点
N110 M05；	主轴停转
N120 M00；	暂停以检测工件
N130 T0101 M03 S1000；	准备精加工
N140 G00 X21 Z2；	刀具到达精车外圆循环起点

（续）

程序内容	动作说明
N150 G70 P60 Q90	调用精车循环，精车各台阶外圆
N160 G00 X100 Z100;	回换刀点
N170 T0202 M03 S300;	换 02 号螺纹刀，主轴转速 300 r/min
N180 G00 X17 Z2;	到达切削外螺纹起始点
N190 G92 X14.9 Z−23 F2;	第一层切削螺纹（$d_1 = 0.9$mm）
N200 X14.3;	第二层切削螺纹（$d_2 = 0.6$mm）
N210 X14;	第三层切削螺纹（$d_3 = 0.3$mm）
N220 X13.8;	第四层切削螺纹（$d_4 = 0.2$mm）
N230 X13.64;	第五层切削螺纹（$d_5 = 0.16$mm）
N240 G00 X100 Z100;	回换刀点
N250 M05;	主轴停转
N260 M30;	程序结束且复位

3. 零件检测与评分

零件加工完成后，按图样要求检测工件，对工件进行误差与质量分析，评价标准见表 3-17。

表 3-17　零件检测与评价标准

班级			姓名			学号		
项目名称			螺栓的编程与加工			零件图号		图 3-7
基本检查	编程	序号	检测内容		配分	学生自评		教师评分
		1	加工工艺路线制订正确		5			
		2	切削用量选择合理		5			
		3	程序正确		5			
	操作	4	设备操作、维护保养正确		5			
		5	安全、文明生产		5			
		6	刀具选择、安装正确规范		5			
		7	工件找正、安装正确规范		5			
工作态度		8	纪律表现		5			
外圆		9	ϕ24mm		10			
		10	ϕ16mm		10			
长度		11	55mm		5			
		12	38mm		5			
		13	12mm		5			
螺纹		14	M16×2mm		15			
倒圆角		15	R2mm		5			
倒角		16	C1mm		5			
综合得分					100			

知识补充

1. 螺纹轴检测相关知识

（1）槽宽检验方法　使用游标卡尺测量槽宽尺寸，如图 3-15 所示。

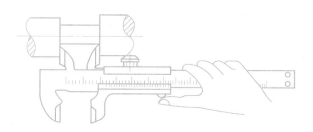

图 3-15　使用游标卡尺测量槽宽尺寸

（2）螺纹检测方法

1）使用螺距规测量螺距和牙型角。螺纹的测量主要是测量螺距、牙型角和螺纹中径。通常使用螺距规测量螺距和牙型角，如图 3-16 所示。

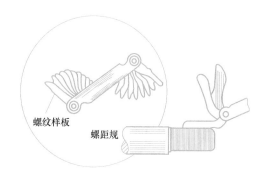

图 3-16　使用螺距规测量螺距和牙型角

2）使用螺纹千分尺测量螺纹中径。如图 3-17 所示，螺纹千分尺测量时选用一套与螺纹

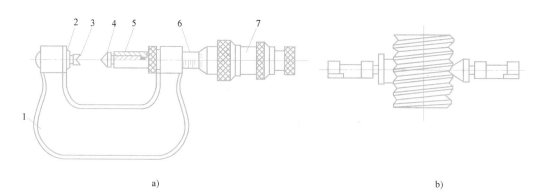

a)　　　　　　　　　　　　　　　　　　　b)

图 3-17　使用螺纹千分尺测量螺纹中径

1—弓架　2—架砧　3—V 形测量头　4—圆锥形测量头　5—主量杆　6—内套筒　7—外套管

牙型角相同的上、下两个测量头，让两个测量头正好卡在螺纹的牙侧上，此时螺纹千分尺的读数就是螺纹的中径尺寸。

3）用三针法测量螺纹中径。三针法是将三根直径相同的量针，如图 3-18 所示那样放在螺纹牙型沟槽中间，用接触式量仪或测微量具测出三根量针外母线之间的跨距 M，根据已知的螺距 P、牙型半角 $\alpha/2$ 及量针直径 d_0 的数值算出中径 d_2。

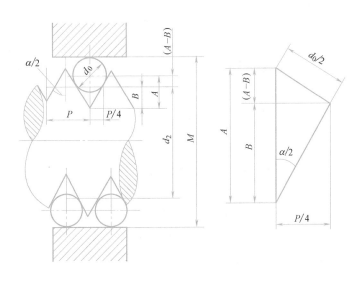

图 3-18　三针法测量螺纹中径

三针法的测量精度比目前常用的其他方法的测量精度要高，且应用也较方便。

4）用螺纹量规测量检测螺纹。在成批大量生产中，多用如图 3-19 所示的螺纹环规和图 3-20 所示的螺纹塞规进行综合测量。此方法只能评定内、外螺纹的合格性，不能测出实际参数的具体数值。

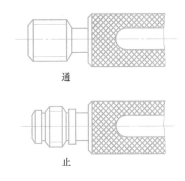

通

止

图 3-20　螺纹塞规（测内螺纹）

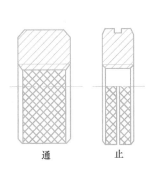

通　　　止

图 3-19　螺纹环规（测外螺纹）

通端螺纹工作环规应有完整的牙型，其长度等于被检螺纹的旋合长度。合格的外螺纹都应被通端螺纹工作环规顺利地旋入。止端螺纹工作环规的牙型做成截短的、不完整的牙型，并将止端螺纹工作环规的长度缩短到 2~3.5 牙，合格的外螺纹不完全通过止端螺纹工作环规，但仍允许旋合一部分，即对于小于或等于 4 牙的外螺纹，止端螺纹工作环规的旋合量不得多于 3.5 牙。

通端螺纹工作塞规应有完整的牙型,其长度等于被检螺纹的旋合长度。合格的内螺纹都应被通端螺纹工作塞规顺利地旋入。止端螺纹工作塞规缩短到 2~3.5 牙,并做成截短的、不完整的牙型。合格的内螺纹不完全通过止端螺纹工作塞规,但仍允许旋合一部分,即对于小于或等于 4 牙的内螺纹,止端螺纹工作塞规从两端旋合量之和不得多于 2 牙;对于大于 4 牙的内螺纹,量规旋合量不得多于 2 牙。

5)用工具显微镜测量螺纹各参数。工具显微镜是一种以影像法作为测量基础的精密光学仪器,有万能、大型、小型三种。它可以测量精密螺纹的基本参数,如大径、中径、小径、螺距、牙型半角,也可以测量轮廓复杂的样板、成形刀具、冲模以及其他各种零件的长度、角度、半径等,因此在工厂的计量室和车间中应用普遍。

2. 数控车床加工螺纹注意事项

1)切削螺纹时必须使用专用的螺纹车刀。

2)螺纹车刀安装时,刀尖应与工件旋转轴线等高,刀具两侧刃角平分线必须垂直于工件轴线,否则螺纹牙型会向一边倾斜,可采用如图 3-21 所示的角度样板对正螺纹刀,应选择螺纹样板中 60°的角对正。

3)螺纹加工期间应保持主轴转速不变。

4)退出量设置不能过大,预防螺纹车刀退出时撞到台阶面。

5)首次切削螺纹时尽可能采用单段加工,熟练以后再采用自动加工方式。

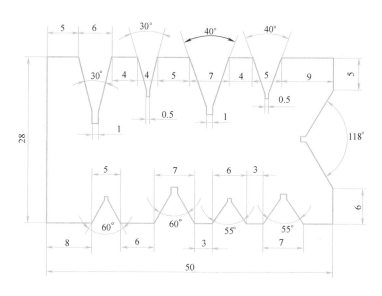

图 3-21 角度样板

任务拓展

千斤顶是一种小型起重工具,如图 3-22 所示。当转动直杆 5 时,螺杆 2 随之转动,底座 1 固定不动,由于螺纹作用,螺杆上下移动,螺杆与顶盖通过螺钉固定在一起,故螺杆上下移动,通过顶盖将重物顶起。

现根据所学知识编程加工螺钉4，零件图如图3-23所示，螺钉零件上宽2mm的一字槽可在零件数控车削完成后在铣床上铣出。

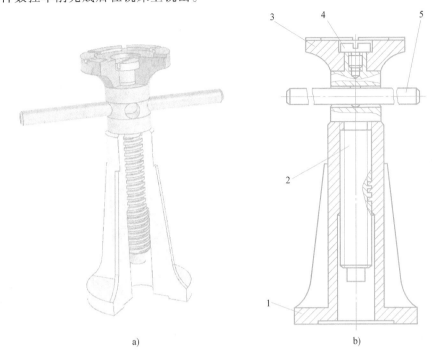

图 3-22　千斤顶装配图

1—底座　2—螺杆　3—顶盖　4—螺钉　5—转动直杆

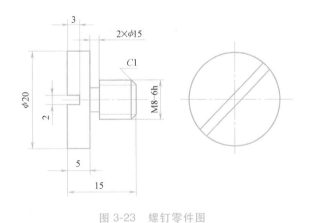

图 3-23　螺钉零件图

任务 3　连接轴的编程与加工

学习目标

1）能编制连接轴零件数控加工工艺。

2) 能用 G76 等循环指令正确编写大螺距螺纹加工程序。

3) 能完成连接轴零件的自动加工。

 任务布置

试编程加工如图 3-24 所示的连接轴零件,零件毛坯为 ϕ45mm 的 45 钢。

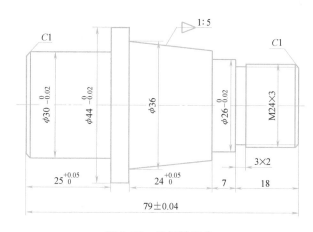

图 3-24　连接轴零件

 任务分析

完成该零件的编程加工需要以下步骤:

1) 拟订该连接轴零件的加工工艺。

2) 该零件加工表面由端面、外圆柱面、外圆锥面、退刀槽和外螺纹组成。正确使用 G00、G01、G70、G71、G76 等指令编制工件加工程序。

3) 输入程序并检验、单步执行、空运行、锁住完成零件模拟加工;选择车削加工常用的夹具(如自定心卡盘等)装夹工件毛坯;选择、安装和调整数控车床外圆车刀、切槽刀以及螺纹车刀;进行 X、Z 向对刀,设定工件坐标系;选择自动工作方式,按程序进行自动加工,完成外圆柱面、外圆锥面、退刀槽以及外螺纹的切削加工。

4) 检测已加工零件,分析零件加工质量,对不足之处提出改进意见。

 案例体验

【例 3-5】加工如图 3-25 所示的螺纹轴零件,试用 G76 指令编程加工螺纹。已知毛坯为 ϕ50mm 的 45 钢。

(1) 零件工艺分析

1) 选择夹具:选择通用夹具——自定心卡盘。

2) 选择刀具。选择 93°外圆车刀车端面及外圆,选择宽 3mm 切槽刀切削退刀槽,选择 60°外螺纹车刀车削外螺纹。

3) 选择量具。外径、长度使用游标卡尺进行测量,螺纹外径使用三针法测量中径。

4) 选择切削用量

外圆粗加工:主轴转速为 500r/min,背吃刀量为 1mm,进给量为 0.2mm/r。

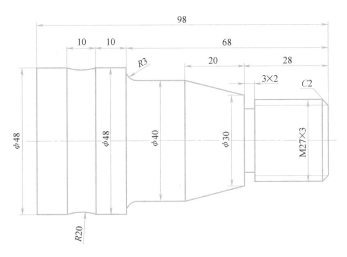

图 3-25 螺纹轴零件

外圆精加工：主轴转速为 1000r/min，背吃刀量为 0.3mm，进给量为 0.1mm/r。

退刀槽加工：主轴转速为 400r/min，背吃刀量为 2mm，进给量为 0.08mm/r。

外螺纹加工：主轴转速为 200r/min，背吃刀量由数控系统自动计算，进给量为 3mm/r。

查表或通过计算（1.083×3）得螺纹切削余量为 3.25mm，牙深 = 1.083×3/2mm = 1.62mm，螺纹牙底直径 = 27mm - 3.25mm = 23.75mm。

数控加工工序卡见表 3-18。

表 3-18　数控加工工序卡

工序号	工序内容	刀具号	刀具名称	主轴转速 /(r/min)	进给量 /(mm/r)	背吃刀量 /mm
1	车削左端面	T01	外圆车刀	500	0.2	1
2	粗车左端外圆	T01	外圆车刀	500	0.2	2
3	精车左端外圆	T01	外圆车刀	1000	0.1	0.3
4	车削右端面	T01	外圆车刀	500	0.2	1
5	粗车右端外圆	T01	外圆车刀	500	0.2	2
6	精车右端外圆	T01	外圆车刀	1000	0.1	0.3
7	切退刀槽	T02	切槽刀	400	0.08	2
8	切外螺纹	T03	60°外螺纹车刀	200	3	

（2）参考程序　零件左端加工参考程序见表 3-19，零件右端加工参考程序见表 3-20。

表 3-19　零件左端加工参考程序

程序内容	动作说明
O0331;	程序名
N10 G21 G40 G99;	米制输入，取消刀具半径补偿，每转进给率
N20 T0101 M03 S500;	选外圆车刀
N30 G00 X50 Z2;	刀具到达粗车外圆循环起点

（续）

程序内容	动作说明
N40 G71 U2 R1;	调用粗车循环,粗车外圆
N50 G71 P60 Q90 U0.6 F0.2;	
N60 G00 X48;	
N70 G01 Z-10 F0.1;	
N80 G02 Z-20 R20;	
N90 G01 Z-40;	
N100 G00 X100 Z100;	回换刀点
N110 M05;	主轴停转
N120 M00;	暂停以检测工件
N130 T0101 M03 S1000;	准备精加工
N140 G00 X50 Z2;	刀具到达精车外圆循环起点
N150 G70 P60 Q90;	调用精车循环,精车外圆
N160 G00 X100 Z100;	回换刀点
N170 M05;	主轴停转
N180 M30;	程序结束且复位

表 3-20 零件右端加工参考程序

程序内容	动作说明
O0332;	程序名
N10 G21 G40 G99;	米制输入,取消刀补,每转进给率
N20 T0101 M03 S500;	选外圆车刀
N30 G00 X50 Z2;	刀具到达粗车外圆循环起点
N40 G71 U2 R1;	调用粗车循环,粗车外圆
N50 G71 P60 Q140 U1 F0.2;	
N60 G00 X23;	
N70 G01 Z0 F0.1;	
N80 X27 Z-2;	
N90 Z-28;	
N100 X30;	
N110 X40 Z-48;	
N120 Z-65;	
N130 G02 X46 Z-68 R3;	
N140 X48;	
N150 G00 X100 Z100;	回换刀点
N160 M05;	主轴停转
N170 M00;	暂停以检测工件
N180 T0101 M03 S1000;	准备精加工

（续）

程序内容	动作说明
N190 G00 X50 Z2；	刀具到达精车外圆循环起点
N200 G70 P60 Q140；	调用精车循环，精车外圆
N210 G00 X100 Z100；	回换刀点
N220 T0202 M03 S400；	选切槽刀
N230 G00 X31 Z-28；	到达 B 点
N240 G01 X23 F0.08；	切槽
N250 X100；	径向退刀
N260 Z100；	回换刀点
N270 T0303 M03 S200；	选螺纹刀
N280 G00 X28 Z3；	到达车削螺纹循环起点
N290 G76 P021260 Q100 R100；	调用螺纹循环指令，车削螺纹
N300 G76 X23750 Z-26000 P1620 Q1000 F3；	
N310 G00 X100 Z100；	回换刀点
N320 M05；	主轴停转
N330 M30；	程序结束且复位

 相关知识

1. 复合固定循环车削螺纹加工指令 G76

使用复合固定循环车削螺纹加工指令 G76，只需要一个程序段就可以完成整个螺纹的加工，如图 3-26 所示。

复合固定循环
车削螺纹加工
指令 G76

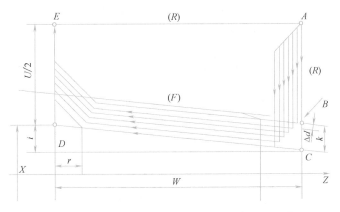

图 3-26 复合固定循环车削螺纹加工指令加工示意图

编程格式：

G76 P(m) (r) (α) Q$(\Delta d\min)$ R(d)；

G76 X (U) Z (W) R(i) P(k) Q(Δd) F(L)；

其中，m 为精加工重复次数（1～99），一般取 1～2 次。该值是模态值；

r 为螺纹尾端倒角量。当导程由 L 表示时，该值可以从 $0 \sim 9.9L$ 设定，单位为 $0.1L$，用两位整数（$00 \sim 99$）表示。如取 12，则为 $1.2L$。该值是模态值；

α 为刀尖角度。可以选择 $80°$、$60°$、$55°$、$30°$、$29°$ 和 $0°$ 的一种，用两位数表示。该值是模态值；

m、r 和 α 用地址 P 同时指定。例如，当 $m = 1$、$r = 1.2L$、$\alpha = 60°$ 时，指定为 P011260；

$\Delta d_{\min}$ 为最小背吃刀量，按表中最后一次的背吃刀量进行选择，单位为 μm。如图 3-27 所示，第 n 次循环运行的背吃刀量为（$\Delta d \sqrt{n} - \Delta d \sqrt{n-1}$），小于此值时，背吃刀量设定为此值。该值是模态值。例如，当 $\Delta d_{\min} = 0.1mm$，指定为 Q100；

d 为精加工余量，该值是模态值，单位为 μm；

$X(U)Z(W)$ 为螺纹终点绝对坐标或增量坐标；

i 为圆锥螺纹半径差，如果 $i = 0$，可以进行普通直螺纹切削，单位为 mm；

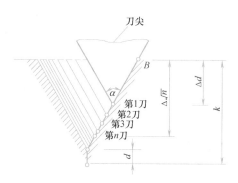

图 3-27　车削螺纹加工指令深度示意图

k 为螺纹高，这个值用半径值规定，单位为 μm；

Δd 为第一刀背吃刀量（半径值），单位为 μm；

L 为导程（同 G32），单位为 mm。

说明：

1）G76 循环指令用一个切削刃切削，使刀尖负荷减小。第一刀的背吃刀量为 Δd，第 n 次循环运行的背吃刀量为（$\Delta d \sqrt{n} - \Delta d \sqrt{n-1}$）。

2）G76 循环指令可用于内螺纹切削。在图 3-26 中，C 和 D 之间的进给速度由地址 F 指定，而其他轨迹则是快速移动。图 3-26 中增量尺寸的符号如下：

① U、W：由刀具轨迹 AC 和 CD 的方向决定。

② R：由刀具轨迹 AC 的方向决定。

③ P：+（总是）。

④ Q：+（总是）。

3）在螺纹切削过程中应用进给暂停时，刀具就返回到该时刻循环的起点（Δdn 切入位置），如图 3-28 所示。

4）在螺纹切削循环（G76）加工中，按下进给暂停按钮时，就如同在螺纹切削循环终点的倒角一样，刀具立即快速退回。刀具返回到循环的起点。当按下循环启动按钮时，螺纹切削循环恢复。因此，当将螺纹切削循环的起点设定在工件附近时，收回时刀具与工件之间可能会发生干涉。为了避免干涉，应将螺纹切削循环的起点设定在距离螺纹牙的顶点 k（螺纹牙的高度）以上的位置。

【例 3-6】　使用 G76 指令编程加工如图 3-29 所示的 M42×4mm 圆柱面螺纹。

分析：M42×4mm 的螺纹其螺距为 4mm，查表 3-11 可知，牙型高度为 2.17mm，所以螺纹小径为 42mm－2×2.17mm＝37.66mm，螺纹分 9 次进给，各次切削深度分别为 1.5mm、

0.7mm、0.6mm、0.4mm、0.4mm、0.2mm、0.2mm、0.2mm、0.14mm。用 G32 和 G92 指令编写程序比较麻烦，而使用 G76 指令很简单。零件螺纹加工程序名为"O0333"，参考程序见表 3-21。

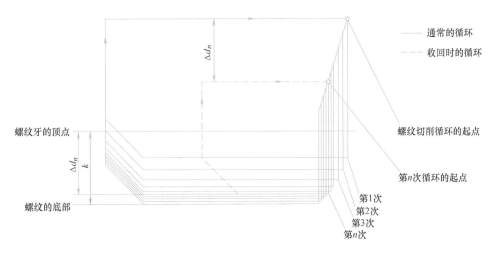

图 3-28 进给暂停时刀具返回循环起点

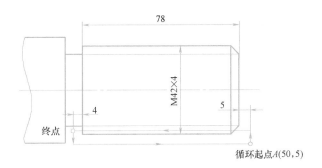

图 3-29 复合固定循环车削螺纹指令示例

表 3-21 G76 加工螺纹参考程序

程序内容	动作说明
O0333;	程序名
N10 G21 G40 G99;	米制输入,取消刀补,每转进给
N20 T0101 M03 S200;	选螺纹车刀
N30 G00 X50 Z5 M08;	快速到达螺纹起始点径向外侧
N40 G76 P021260 Q130 R100 ;	调用车削螺纹循环,车螺纹
N50 G76 X37660 Z−82000 R0 P2170 Q1500 F4 ;	R0 可省
N60 G00 X100 Z100 M09;	回换刀点
N70 M05;	主轴停转
N80 M30;	程序结束且复位

任务实施

1. 零件工艺分析

1）选择夹具　选择通用夹具——自定心卡盘。

2）刀具选择　选择93°外圆车刀车外圆及端面。

3）量具选择　外径、长度使用游标卡尺进行测量。

4）选择切削用量

粗加工：

主轴转速为500r/min，背吃刀量为2mm，进给量为0.2mm/r。

精加工：

主轴转速为1000r/min，背吃刀量为0.3mm，进给量为0.1mm/r。

退刀槽加工：

主轴转速为400r/min，背吃刀量为2mm，进给量为0.08mm/r。

外螺纹加工：

主轴转速为200r/min，背吃刀量由数控系统自动计算，进给量为3mm/r。

查表或通过计算（1.0825mm×3）得螺纹切削余量为3.25mm，牙深=1.0825mm×3/2=1.62mm；螺纹牙底直径=24mm-3.24mm=20.76mm。

连接轴零件数控加工工序卡见表3-22。

表3-22　连接轴零件数控加工工序卡

工序号	工序内容	刀具号	刀具名称	主轴转速 /(r/min)	进给量 /(mm/r)	背吃刀量 /mm
1	车削左端面	T01	外圆车刀	500	0.2	1
2	粗车左端外圆	T01	外圆车刀	500	0.2	2
3	精车左端外圆	T01	外圆车刀	1000	0.1	0.3
4	车削右端面	T01	外圆车刀	500	0.2	1
5	粗车右端外圆	T01	外圆车刀	500	0.2	2
6	精车右端外圆	T01	外圆车刀	1000	0.1	0.3
7	切退刀槽	T02	切槽刀	400	0.08	2
8	切外螺纹	T03	60°外螺纹车刀	200	3	

2. 参考程序

零件左端加工参考程序见表3-23；零件右端加工参考程序见表3-24。

表3-23　零件左端加工参考程序

程序内容	动作说明
O0334;	程序名
N10 G21 G40 G99;	米制输入,取消刀具半径补偿,每转进给率
N20 T0101 M03 S500;	选外圆车刀
N30 G00 X45 Z2;	刀具到达粗车外圆循环起点
N40 G71 U2 R1;	调用粗车循环,粗车外圆

（续）

程序内容	动作说明
N50 G71 P60 Q110 U0. 6 F0. 2；	
N60 G00 X28；	
N70 G01 Z0 F0. 1；	
N80 X30 Z-1 ；	
N90 Z-25；	
N100 X44；	
N110 Z-31；	
N120 G00 X100 Z100；	回换刀点
N130 M05；	主轴停转
N140 M00；	暂停以检测工件
N150 T0101 M03 S1000；	准备精加工
N160 G00 X45 Z2；	刀具到达精车外圆循环起点
N170 G70 P60 Q110；	调用精车循环,精车外圆
N180 G00 X100 Z100；	回换刀点
N190 M05；	主轴停转
N200 M30；	程序结束且复位

表 3-24 零件右端加工参考程序

程序内容	动作说明
O0335；	程序名
N10 G21 G40 G99；	米制输入,取消刀补,每转进给率
N20 T0101 M03 S500；	选外圆车刀
N30 G00 X45 Z2；	粗车外圆循环起点
N40 G71 U2 R1；	调用粗车循环,粗车外圆
N50 G71 P60 Q140 U0. 6 F0. 2；	
N60 G00 X22；	
N70 G01 Z0 F0. 1；	
N80 X24 Z-1；	
N90 Z-18；	
N100 X26；	
N110 Z-25；	
N120 X31. 2；	
N130 X36 W-24；	
N140 X44；	
N150 G00 X100 Z100；	回换刀点
N160 M05；	主轴停转
N170 M00；	暂停以检测工件
N180 T0101 M03 S1000；	准备精加工

（续）

程序内容	动作说明
N190 G00 X45 Z2；	刀具到达精车外圆循环起点
N200 G70 P60 Q140；	调用精车循环,精车外圆
N210 G00 X100 Z100；	回换刀点
N220 T0202 M03 S400；	选切槽刀
N230 G00 X27 Z−18；	到达 B 点
N240 G01 X23 F0.08；	切槽
N250 X100；	径向退刀
N260 Z100；	回换刀点
N270 T0303 M03 S200；	选螺纹刀
N280 G00 X28 Z3；	到达车削螺纹循环起点
N290 G76 P021260 Q100 R100；	调用车削螺纹循环,车削螺纹
N300 G76 X20760 Z−16000 P1620 Q1000 F3；	
N310 G00 X100 Z100；	回换刀点
N320 M05；	主轴停转
N330 M30；	程序结束且复位

3. 零件检测与评分

零件加工完成后,按图样要求检测工件,对工件进行质量分析,评价标准见表 3-25。

表 3-25　连接轴零件检测与评价标准

班级			姓名			学号	
任务名称			连接轴零件的编程与加工		零件图号		图 3-24
基本检查	编程	序号	检测内容	配分	学生自评	教师评分	
		1	加工工艺路线制订正确	5			
		2	切削用量选择合理	5			
		3	程序正确	5			
	操作	4	设备操作、维护保养正确	5			
		5	安全、文明生产	5			
		6	刀具选择、安装正确规范	5			
		7	工件找正、安装正确规范	5			
工作态度		8	纪律表现	5			
外圆		9	$\phi30mm$	7			
		10	$\phi44mm$	7			
		11	$\phi26mm$	7			
		12	$\phi36mm$	5			

（续）

班级			姓名			学号	
任务名称			连接轴零件的编程与加工			零件图号	图 3-24
长度	13	79mm		3			
	14	25mm		3			
	15	24mm		3			
	16	7mm		2			
	17	18mm		2			
	18	3mm×2mm		4			
圆锥	19	1：5 锥面		5			
螺纹	20	M24×3mm		10			
倒角	21	C1 2 处		2×1			
综合得分				100			

任务拓展

在数控车床上加工如图 3-30 所示的螺纹轴零件。

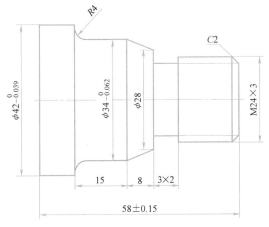

图 3-30 螺纹轴零件

项目 4

法兰盘的制作

任务 1　套筒的编程与加工

学习目标

1）掌握内孔加工工艺及内孔车削指令编程方法。
2）能用 G74 指令正确编写深孔循环加工程序。
3）掌握钻头、镗刀的安装和对刀方法。
4）掌握内沟槽表面的加工方法。
5）能通过套筒零件的加工熟悉零件内表面加工基本操作。
6）能通过正确检验工件来验证工件加工的正确性。

任务布置

完成如图 4-1 所示的套筒零件，三维效果图如图 4-2 所示，已知零件毛坯尺寸为 $\phi55mm\times58mm$，材料为 45 钢。

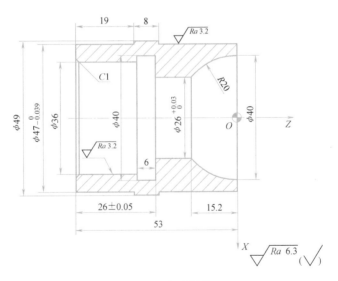

图 4-1　套筒零件

任务分析

完成该套筒零件的编程加工需要以下步骤：

1）拟订该套筒零件的加工工艺。

2）根据最小孔径合理选择钻头钻底孔，根据加工余量合理分配分层切削深度。

3）该零件加工表面由端面、外圆柱面、内圆柱面、内圆弧面和内沟槽面组成。正确使用 G00、G01、

图 4-2　套筒零件三维效果图

G02、G03、G90 等指令编制工件轮廓加工程序。

4）输入程序并检验、单步执行、空运行、锁住完成零件模拟加工；选择车削加工常用夹具（如自定心卡盘等）装夹工件毛坯；选择、安装和调整数控车床外圆车刀、内孔镗刀和内沟槽刀；进行 X、Z 向对刀，设定工件坐标系；选择自动工作方式，按程序进行自动加工，完成外圆柱面、内圆柱面、内圆弧面和内沟槽面的切削加工。

5）检测已加工零件，分析零件加工质量，对不足之处提出改进意见。

案例体验

【例 4-1】加工如图 4-3 所示的阶梯孔零件，三维效果图如图 4-4 所示，试编制其加工程序。

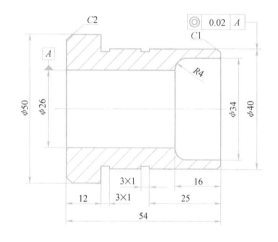

图 4-3　阶梯孔零件

图 4-4　阶梯孔零件三维效果图

（1）零件工艺分析　零件有内、外表面需加工，要完成零件的加工需两次装夹。零件的数控加工工序卡见表 4-1，数控加工刀具卡见表 4-2。

表 4-1　零件的数控加工工序卡

工序号	工序内容	主轴转速 /(r/min)	进给量 /(mm/r)	背吃刀量 /mm
1	车右端面	500	0.1	
2	钻中心 ϕ22mm 孔	400		
3	粗车右端外表面	500	0.2	1
4	精车右端外表面	800	0.1	0.3
5	切槽	400	0.08	
6	粗镗内孔	500	0.2	1
7	精镗内孔	800	0.1	0.3
8	掉头车左端面,控制总长	800	0.1	
9	粗车左端外表面	500	0.2	1
10	精车左端外表面	800	0.1	0.3

表 4-2 数控加工刀具卡

序号	刀具号	刀具名称及规格	加工表面
1	T01	93°外圆车刀右偏刀	车端面、车外表面
2	T02	切槽刀,刀宽3mm	切槽
3	T03	内孔车刀	粗、精镗内孔
4	T04	φ22mm 麻花钻	钻孔

（2）参考程序　加工右端外表面参考程序见表 4-3，镗削内孔参考程序见表 4-4，加工左端外表面参考程序见表 4-5。

表 4-3 加工右端外表面参考程序

程序内容	动作说明
O0411;	程序名
N10 G21 G40 G99;	米制输入,取消刀补,每转进给
N20 T0101 M03 S500;	选外圆车刀
N30 G00 X55 Z2;	粗车外圆循环起点
N40 G71 U1 R1;	调用粗车循环,粗车右端外圆
N50 G71 P60 Q100 U0.6 F0.2;	
N60 G00 X38;	
N70 G01 Z0 F0.1;	
N80 X40 Z-1;	
N90 Z-42;	
N100 U10;	
N110 G00 X100 Z100;	回换刀点
N120 M05;	主轴停转
N130 M00;	暂停检测工件
N140 T0101 M03 S800;	准备精加工
N150 G00 X55 Z2;	精车外圆循环起点
N160 G70 P60 Q100;	调用精车循环,精车右端外圆
N170 G00 X100 Z100;	回换刀点
N180 T0202 M03 S400;	选切槽刀
N190 G00 X41 Z-28;	切槽
N200 G01 X38 F0.08;	
N210 X41;	径向退刀
N220 G00 Z-42;	切另一个槽
N230 G01 X38 F0.08;	
N240 X51;	径向退刀
N250 G00 X100 Z100;	回换刀点
N260 M05;	主轴停转
N270 M30;	程序结束且复位

表 4-4　镗削内孔参考程序

程序内容	动作说明
O0412；	程序名
N10 G21 G40 G99；	米制输入,取消刀补,每转进给
N20 T0303 M03 S500；	选内孔镗刀
N30 G00 X20 Z2；	粗镗内孔循环起点
N40 G71 U1 R0.6；	粗镗内孔
N50 G71 P60 Q90 U-0.6 W0.1 F0.2；	调用粗车循环,粗镗内孔
N60 G00 X34；	
N70 G01 Z-12 F0.1；	
N80 G03 X26 Z-16 R4；	
N90 G01 Z-55；	
N100 G00 X100 Z100；	回换刀点
N110 M05；	主轴停转
N120 M00；	暂停检测工件
N130 T0303 M03 S800；	准备精加工
N140 G00 X20 Z2；	精镗内孔循环起点
N150 G70 P60 Q90；	调用精车循环,精镗内孔
N160 G00 X100 Z100；	回换刀点
N170 M05；	主轴停转
N180 M30；	程序结束且复位

表 4-5　加工左端外表面参考程序

程序内容	动作说明
O0413；	程序名
N10 G21 G40 G99；	米制输入,取消刀补,每转进给
N20 T0101 M03 S500；	选外圆车刀
N30 G00 X55 Z2；	粗车外圆循环起点
N40 G71 U1 R1；	调用粗车循环,粗车左端外圆
N50 G71 P60 Q90 U0.6 F0.2；	
N60 G00 X46；	
N70 G01 Z0 F0.1；	
N80 G01 X50 Z-2 ；	
N90 Z-13 ；	
N100 G00 X100 Z100；	回换刀点
N110 M05；	主轴停转
N120 M00；	暂停检测工件
N130 T0101 M03 S800；	准备精加工
N140 G00 X55 Z2；	精车外圆循环起点

（续）

程序内容	动作说明
N150 G70 P60 Q90;	调用精车循环，精车左端外圆
N160 G00 X100 Z100;	回换刀点
N170 M05;	主轴停转
N180 M30;	程序结束且复位

 相关知识

1. 内孔加工工艺

套筒类零件与轴类零件相比，除了工件的外表面需要加工外，还需加工内孔、台阶孔、内沟槽等内表面，根据零件形状的不同要求，有时可能需要使用"两次装夹，调头加工"的加工工艺。由于工件需要进行两次装夹，对加工的位置误差会产生一定的影响。因此，在数控车削工艺路线设计时应考虑解决这个问题。另外，有些套筒类零件的壁厚不一致，壁厚较薄的位置使用一般的自定心卡盘装夹会变形，造成工件的形状误差增大。这时应该使用心轴定位装夹，或者使用软卡爪、夹紧压力可调的气动卡盘或液压卡盘，并把卡盘的夹紧压力调整到合适的大小。

内孔加工比车削外圆要困难得多，主要原因有：孔加工是在工件内部进行的，观察切削情况很困难，尤其是孔径较小时，根本看不见，因此控制更困难；刀杆尺寸由于受孔径的限制，不能选用太粗、太短的刀具，因此刚度较差，特别是加工孔径小、长度长的孔时，更为突出；排屑和冷却困难；当工件较薄时，加工容易变形；内孔的测量比外圆困难。

（1）钻孔加工

1）钻头的装夹和对刀。麻花钻的柄部有直柄和锥柄两种。直柄麻花钻可用钻夹头装夹，再利用钻夹头的锥柄插入车床尾座套筒内使用，锥柄麻花钻可直接插入车床尾座套筒内或用锥形套过渡使用。

如钻头需要通过编程进行自动钻孔加工，可将钻头安装在刀架上，对于常用的四方刀架，需做一个工装装夹在刀架上，工装上有内锥可以装夹钻头。如果要精确保证钻头中心高与机床主轴等高，则可以通过自加工方法来保证：在刀架上装夹好工装，在主轴上安装钻头钻削刀架上工装的钻头安装孔，然后将加工用钻头装入工装中，此时钻头中心高和主轴完全一致。

钻头的对刀可以通过钻尖和横刃处中心线对刀建立工件坐标系。可以在 X 方向上进行精确对刀，此时在数控车床主轴自定心卡盘上安装千分表表座，表头接触到钻头尾端的光圆位置处，移动刀架，保证旋转主轴时表中读数不变，此时刀架处于 X0 位置，只要在刀补界面输入 X0，按［测量］软键即可。

2）钻孔加工的冷却。钻削钢材料时，为了不使钻头发热，必须加注充足的切削液。钻削铸铁材料时，一般不加切削液；钻削铝材料时，可以加煤油；钻削黄铜、青铜时，一般不加切削液，如需要，也可加乳化液；钻削镁合金时，不可以加切削液，如果加切削液会引起氢化作用（助燃）而引起燃烧，甚至爆炸，只能用压缩空气来排屑和降温。

3）钻孔切削注意事项

① 在钻孔前，先车平工件端面，中心处不要留有凸头，否则很容易使钻头歪斜，影响准确定心。

② 钻头装入尾座套筒后，必须校正钻头中心线跟工件回转中心重合，防止孔径扩大、钻头折断。

③ 钻头接近工件端面开始切削时，不可用力过大，防止损坏工件或折断钻头。

④ 加工内孔时，可先用中心钻点钻定心，再用麻花钻钻孔，保证加工出的孔与外圆同轴，尺寸正确。

⑤ 钻较深孔时，切屑不易排出，必须经常退出钻头，清除切屑。

⑥ 当钻头将要钻通孔时，钻头横刃不再参与切削，阻力大大减小，会觉得手轮摇得轻松。此时必须减小进给量，否则会使钻头的切削刃"咬"在工件内孔，损坏钻头，或使钻头的锥柄在尾座锥孔内打滑，把锥孔和锥柄咬毛。

⑦ 当手动钻削不通孔时，为了控制深度，可利用尾座套筒上的刻度标尺。如没有刻度标尺，可在钻头上用粉笔或记号笔做出标记。

（2）内孔镗削加工

1）内孔镗刀装夹方法。装夹内孔镗刀时，刀尖必须跟工件中心等高或稍高一些，以免因切削力的作用而使刀尖扎进工件。镗刀伸出长度应尽可能短，以增强刀杆刚度，防止振动。

2）工件的装夹。镗孔时，工件通常采用自定心卡盘装夹，尽可能在一次装夹中加工内、外圆表面和端面。这种方法相互位置精度较高，能保证很好的同轴度和垂直度等几何精度。

3）薄壁套筒工件的装夹。车削薄壁套筒时，特别要注意夹紧力引起的工件变形。工件夹紧后会略微变成三角形，镗孔后内表面是一个圆柱孔。当松开卡爪取下工件后，工件会弹性复原，外圆为圆柱形，内孔呈弧形三边形。如用内径千分尺检测，各方向直径 D 相等，但已等直径变形。

为减少薄壁零件的变形，可采用下列方法：

① 工件加工分粗、精车。粗车时夹紧些，精车时夹松些，这样可以减少变形。

② 应用开缝套筒。由于开缝套筒接触面积大，夹紧力均匀分布在工件上，不易产生变形。

③ 应用软爪卡盘。软爪卡盘接触面积大，定位精度好，可以减少变形。

④ 应用圆柱定位心轴装夹。装夹薄壁套筒时，将零件装在心轴上径向压紧，减小零件径向变形，在松开装夹后，薄壁套筒弹性恢复。

⑤ 采用轴向夹紧车薄壁零件时，不使用径向夹紧，而选用轴向夹紧方法。零件靠轴向定位套的端面实现轴向夹紧，由于夹紧力沿零件轴向分布，而零件轴向刚度大，不会产生夹紧变形，如图 4-5 所示。

4）镗孔方法。镗孔时，循环点坐标位置选取要适当，防止镗刀后壁与孔壁发生碰撞。镗不通孔或台阶孔时，一般先

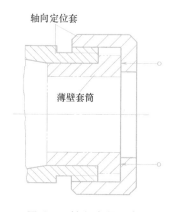

图 4-5　轴向夹紧示意图

用钻头钻孔，因钻头顶角一般是116°~118°，所以内孔底面是不平的，若要沿孔壁进刀镗削底面，镗刀切深会加剧，此时可采用分层切削法或用平头钻锪平底面，再镗削不通孔。

镗孔时，由于工作条件不利，刀杆刚度差，容易引起振动，因此，镗削的切削用量应比车削外圆小一些。

镗孔加工时，应尽量增加刀杆的截面积，以增强镗刀的刚度，切削时不容易产生振动。

镗刀的刀杆伸出长度应尽可能缩短。如刀杆伸出过长，就会降低刀杆的刚度，容易引起振动和让刀现象。因此，刀杆伸出长度只要略大于孔深就可以。

（3）内孔加工工艺与程序编制　零件内表面数控加工工艺与程序编制要注意以下几个方面：

1）内成形表面一般不会太复杂，加工工艺常采用"钻底孔→粗镗→精镗"方式，孔径较小时采用手动"钻底孔→铰孔"方式。

2）较窄内槽采用等宽内切槽刀一刀切出，内槽较深时采用"进刀→退刀→再进刀"方式加工，以利于断屑和排屑。宽内槽多采用内槽刀多次切削成形后精加工一刀的方法。

3）切削内沟槽时，进给采用从孔中心先沿−Z方向快速进刀，后沿+X方向切削进刀，退刀时先在−X方向少量退刀，后在+Z方向退刀。为防止干涉，在−X方向的退刀尺寸如有必要需计算。

4）工件精度较高时，按粗、精加工交替进行内、外轮廓切削，以保证相互位置精度。

5）因内孔切削条件比外轮廓切削差，故内孔切削时切削用量应选取小些。

6）内孔镗刀对刀方法与外轮廓切削基本相同，所不同的是：毛坯若不带内孔，必须先钻孔，再用内孔镗刀试切对刀。

2. 内孔加工切削指令

内孔加工和外轮廓加工进给方向不一样：外轮廓加工时是沿着−X方向进刀，沿着−Z方向切削进给；而内孔加工是沿着+X方向进刀，沿着−Z方向切削进给。在编制程序时要注意X方向尺寸的变化。

（1）G00、G01指令　内孔加工时可用G00、G01等简单指令编制程序，如图4-6所示，镗削时让刀具沿着①~④的步骤进行切削加工。

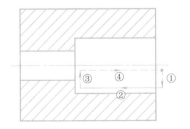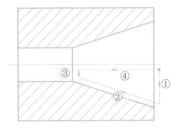

　　　　—— —— 空进给及退刀　　　　　　　　　—— —— 空进给及退刀
　　　　———— 切削进给　　　　　　　　　　　———— 切削进给

图4-6　车内圆柱表面循环动作过程　　　　　图4-7　车内圆锥表面循环动作过程

（2）G90单一固定循环指令　内孔切削可用单一固定循环指令G90进行编程加工，它相当于把车内圆柱面或内圆锥面加工的四个动作编写为一个子程序（循环）供调用，如图4-6和图4-7所示，用一个程序段可以完成①~④的加工操作。

圆柱面单一固定循环：G90 X（U）__ Z（W）__ F __；

圆锥面单一固定循环：G90 X（U）__ Z（W）__ R __ F __；

其中，X（U）、Z（W）为切削终点的绝对（增量）坐标；

F 为切削进给速度（mm/r）；

R 为车圆锥时，切削起始点与终点的半径差，该值有正、负之分：若圆锥面起点半径小于终点半径，则 R 为负值；若圆锥面起点半径大于终点半径，则 R 为正值，如图 4-7 所示。

【例 4-2】 加工如图 4-8 所示的通孔零件，试编制其内孔加工程序。

零件内孔数控加工工艺分析：首先车削右端面，然后钻 φ22mm 的底孔，最后用内孔镗刀粗、精镗内孔至尺寸 φ36mm。

数控加工刀具卡见表 4-6，参考程序见表 4-7。

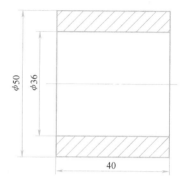

图 4-8 通孔零件

表 4-6 数控加工刀具卡

序号	刀具号	刀具名称及规格	加工表面
1	T01	端面车刀	车端面
2	T02	通孔镗刀	镗孔
3	T03	φ22mm 钻头	钻孔
4	T04	φ36mm 扩孔钻	镗孔

表 4-7 零件内孔加工参考程序

程序内容	动作说明
O0414;	程序名
N10 G21 G40 G99;	米制输入，取消刀补，每转进给
N20 T0202 M03 S500;	选镗孔刀具
N30 G00 X29 Z2;	循环起点
N40 G90 X32 Z-42 F0.1;	镗孔循环加工
N50 X34;	
N60 X35.6;	
N70 X36;	
N80 G00 X100 Z100;	回换刀点
N90 M05;	主轴停转
N100 M30;	程序结束且复位

（3）G71、G70 粗、精加工复合固定循环指令 内孔表面较复杂时，也可使用复合固定循环指令 G71、G70 进行编程加工。

编程格式：

G00 X$\underline{\alpha}$ Z$\underline{\beta}$；

G71　U$\underline{\Delta d}$　R$\underline{e}$；

G71　P$\underline{ns}$　Q$\underline{nf}$　U$\underline{\Delta u}$　W$\underline{\Delta w}$　F$\underline{f}$　S$\underline{s}$　T$\underline{t}$；

其中，α、β 为粗车循环起刀点位置坐标，镗内孔时注意该点直径方向位置应合适，α 值应小于毛坯内孔直径，同时考虑刀具不能与内孔表面干涉；

Δd 为背吃刀量（半径值），不带符号，切削方向决定于 AA' 方向。该值是模态值；

e 为退刀时的 X 轴方向退刀量，该值是模态值，直到其他值指定前不改变；

ns、nf 为粗加工程序段的开始程序段号、结束程序段号；

Δu、Δw 为 X 轴、Z 轴方向精加工余量的距离和方向，镗内孔时注意 Δu 应为负值；

f、s、t 为粗加工时的进给速度、主轴转速以及使用的刀具号。

使用复合固定循环指令 G71、G70 编制内孔加工程序可参考【例 4-1】。

3. 深孔钻固定循环指令 G74

深孔钻固定循环指令 G74 采用往复排屑式钻孔方式加工，用于较深孔的加工。

编程格式：

G00　X$\underline{\alpha}$ Z$\underline{\beta}$；

G74　R$\underline{e}$；

G74　Z$\underline{w}$　Q$\underline{\Delta k}$　F$\underline{f}$；

其中，α、β 为钻孔循环起刀点位置坐标；

e 为退刀量；

w 为钻削深度；

Δk 为每次钻削行程长度（无符号，单位 0.001mm）。

Z 向进给钻削、切槽循环指令 G74

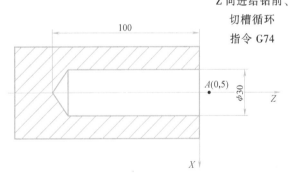

图 4-9　深孔钻固定循环指令应用示例

【例 4-3】　试用 G74 深孔钻固定循环指令编程加工如图 4-9 所示的深孔，已知钻削循环起始点 A（0，5），每次钻削深度设为 10mm。

参考程序见表 4-8。

表 4-8　深孔钻固定循环加工参考程序

程序内容	动作说明
O0415；	程序名
N10 G21 G40 G99；	米制输入,取消刀补,每转进给
N20 T0101 M03 S500；	选钻头钻削
N30 G00 X0 Z5 M08；	快速到达钻孔加工起始点
N40 G74 R3；	钻孔循环,退刀量 3mm
N50 G74 Z-100 Q10000 F0.1；	孔深 100mm,每次进刀 10mm
N60 G00 Z100 M09；	轴向退刀
N70 X100；	回换刀点
N80 M05；	主轴停转
N90 M30；	程序结束且复位

任务实施

1. 零件工艺分析

1）选择夹具：选择通用夹具——自定心卡盘。

2）选择量具：长度使用游标卡尺或深度尺测量，外径使用外径千分尺进行测量，内径使用内径千分尺测量，内圆弧表面使用 R 规测量。

数控加工工序卡见表4-9，数控加工刀具卡见表4-10。

表4-9 数控加工工序卡

工序号	工序内容（进给路线）	主轴转速 /（r/min）	进给量 /（mm/r）	背吃刀量 /mm
1	车右端面	500	0.1	1
2	钻 ϕ22mm 底孔	500	0.1	
3	粗车右端外圆	500	0.2	2
4	精车右端外圆	800	0.1	0.3
5	粗镗内孔	500	0.2	1
6	精镗内孔	800	0.1	0.2
7	掉头车左端面,控制总长	500	0.1	
8	粗镗内孔	500	0.2	1
9	精镗内孔	800	0.1	0.2
10	切内槽	400	0.08	
11	粗车左端外圆	500	0.2	2
12	精车左端外圆	800	0.1	0.3

表4-10 数控加工刀具卡

序号	刀具号	刀具名称及规格	加工表面
1	T01	93°外圆车刀右偏刀	车端面、车外形
2	T02	内切槽刀,刀宽 3mm	切内槽
3	T03	内孔镗刀	粗、精镗内孔
4	T04	ϕ22mm 麻花钻	钻孔

2. 参考程序

套筒零件右端加工参考程序见表4-11。套筒零件左端加工参考程序见表4-12。

表4-11 套筒零件右端加工参考程序

程序内容	动作说明
O0416;	程序名
N10 G21 G40 G99;	米制输入,取消刀补,每转进给
N20 T0101 M03 S500;	选外圆车刀
N30 G00 X55 Z2;	粗车外圆循环起点
N40 G71 U2 R1;	粗车右端外圆

（续）

程序内容	动作说明
N50 G71 P60 Q90 U0.6 F0.2;	调用粗车循环,粗车右端外圆
N60 G00 X47;	
N70 G01 Z-26 F0.1;	
N80 X49;	
N90 Z-35;	
N100 G00 X100 Z100;	回换刀点
N110 M05;	主轴停转
N120 M00;	暂停检测工件
N130 T0101 M03 S800;	准备精加工
N140 G00 X55 Z2;	精车外圆循环起点
N150 G70 P60 Q90;	调用精车循环,精车右端外圆
N160 G00 X100 Z100;	刀具到达换刀点
N170 T0303 M03 S500;	选内孔镗刀
N180 G00 X21 Z2;	粗镗循环点
N190 G71 U1 R1;	调用粗车循环,粗镗右端内孔
N200 G71 P210 Q250 U-0.4 F0.2;	
N210 G00 X40;	
N220 G01 Z0 F0.1;	
N230 G03 X26 Z-15.2 R20;	
N240 G01 Z-30;	
N250 U-1;	
N260 G00 X100 Z100;	回换刀点
N270 M05;	
N280 M00;	暂停检测工件
N290 T0303 M03 S800;	准备精加工
N300 G00 X21 Z2;	精镗内孔循环起点
N310 G70 P210 Q250;	调用精车循环,精镗右端内孔
N320 G00 X100 Z100;	回换刀点
N330 M05;	主轴停转
N340 M30;	程序结束且复位

表 4-12 套筒零件左端加工参考程序

程序内容	动作说明
O0417;	程序名
N10 G21 G40 G99;	米制输入,取消刀补,每转进给
N20 T0303 M03 S500;	选内孔镗刀
N30 G00 X21 Z2;	粗镗内孔循环起点

（续）

程序内容	动作说明
N40 G71 U1 R1；	调用粗车循环，粗镗内表面
N50 G71 P60 Q100 U−0.4 F0.2；	
N60 G00 X38；	
N70 G01 Z0 F0.1；	
N80 X36 Z−1；	
N90 Z−26；	
N100 X25；	
N110 G00 X100 Z100；	回换刀点
N120 M05；	主轴停转
N130 M00；	暂停检测工件
N140 T0303 M03 S800；	准备精加工
N150 G00 X21 Z2；	精镗内孔循环起点
N160 G70 P60 Q100；	调用精车循环，精镗内表面
N170 G00 X100 Z100；	回换刀点
N180 T0202 M03 S400；	选内切槽刀
N190 G00 X25 Z2；	切槽
N200 Z−26；	
N210 G01 X40 F0.08；	
N220 X25；	
N230 Z−23；	
N240 G01 X40 F0.08；	
N250 X25；	径向退刀
N260 Z100；	轴向退刀
N270 X100；	回换刀点
N280 T0101 M03 S500；	选外圆车刀
N290 G00 X49 Z2；	外圆加工循环起点
N300 G90 X47.6 Z−19 F0.2；	粗车外圆
N310 X47 F0.1；	精车外圆
N320 G00 X100 Z100；	回换刀点
N330 M05；	主轴停转
N340 M30；	程序结束且复位

3. 零件检测与评分

零件加工完成后，按图样要求检测工件，对工件进行误差与质量分析，评价标准见表

4-13。

表 4-13 零件检测与评价标准

班级				姓名			学号	
任务名称			套筒的编程与加工			零件图号		图 4-1
基本检查	编程	序号	检测内容			配分	学生自评	教师评分
		1	加工工艺路线制订正确			5		
		2	切削用量选择合理			5		
		3	程序正确			5		
	操作	4	设备操作、维护保养正确			5		
		5	安全、文明生产			5		
		6	刀具选择、安装正确规范			5		
		7	工件找正、安装正确规范			5		
工作态度		8	纪律表现			5		
外圆		9	$\phi49$mm $Ra6.3\mu$m			4		
						2		
		10	$\phi47_{-0.039}^{0}$mm $Ra3.2\mu$m			7		
						2		
内孔		11	$\phi26_{0}^{+0.05}$mm $Ra6.3\mu$m			7		
						2		
		12	$\phi36$mm $Ra3.2\mu$m			4		
						2		
		13	$\phi40$mm $Ra6.3\mu$m			4		
						2		
		14	$R20$mm $Ra6.3\mu$m			4		
						2		
长度		15	53mm			3		
		16	19mm			3		
		17	8mm			3		
		18	26mm±0.05mm			6		
		19	15.2mm			3		
综合得分						100		

知识补充

1. 内孔镗刀的对刀

1) 内孔镗刀在 X 方向的对刀示意图如图 4-10 所示,用内孔镗刀镗削内孔,长度为 3~5mm,然后沿+Z 方向退出刀具,停车测出内孔直径,输入机床,通过刀补界面的〔测量〕软键计算出相应的刀补值。

2) 内孔镗刀在 Z 方向的对刀示意图如图 4-11 所示,移动内孔镗刀使刀尖与工件右端面平齐，可借助金属直尺确定，然后将刀具数据输入到相应刀补中。

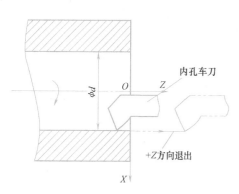

图 4-10　内孔镗刀在 X 方向对刀示意图

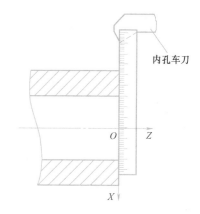

图 4-11　内孔镗刀在 Z 方向对刀示意图

2. 内径检测

（1）使用游标卡尺测量内径尺寸　使用游标卡尺测量内径尺寸如图 4-12 所示。测量方法如下：

1）校正游标卡尺零位。

2）使卡尺量爪逐渐靠近工件并轻微地接触。注意：卡尺不要歪斜，以免产生测量误差。

3）正确读出卡尺读数，该读数即被测工件内径尺寸。

（2）使用内径千分尺测量孔径尺寸　使用内径千分尺测量孔径尺寸，如图 4-13 所示。如图 4-14 所示，用内径千分尺测量孔径时，内径千分尺应在孔壁内摆动，径向摆动找出最大值，轴向摆动找出最小值，这两个重合尺寸就是孔的实际尺寸。

内径千分尺的刻线方向与外径千分尺相反，顺时针转动微分筒时，活动爪向右移动，测量值增大，用于测量孔径小于 25mm 以下的孔。

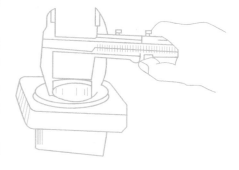

图 4-12　使用游标卡尺测量内径尺寸

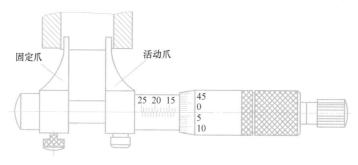

图 4-13　使用内径千分尺测量孔径尺寸

（3）百分表　百分表是一种指示式量具，测量精度为 0.01mm。当测量精度为 0.001mm 时，称为千分表。百分表是一种进行读数比较的量具，只能测出相对数值，不能测出绝对数值。百分表的结构如图 4-15 所示。

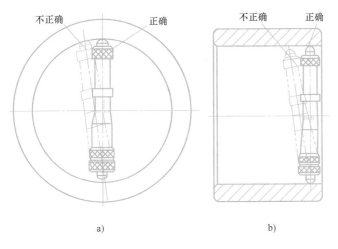

图 4-14　使用内径千分尺测量
孔径正确方法示意图

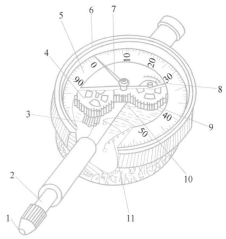

图 4-15　百分表的结构

1—触头　2—量杆　3—小齿轮　4、9—大齿轮
5—表盘　6—表圈　7—长指针　8—短指针
10—中间小齿轮　11—拉簧

百分表齿杆的齿距是 0.625mm。当齿杆上升 16 齿时，上升的距离为 0.625mm×16 = 10mm，此时和齿杆啮合的 16 齿的小齿轮正好转动 1 周，而和该小齿轮同轴的大齿轮（100 个齿）也必然转 1 周。中间小齿轮（10 个齿）在大齿轮带动下将转 10 周，与中间小齿轮同轴的长针也转 10 周。由此可知，当齿杆上升 1mm 时，长针转 1 周。表盘上共等分 100 格，所以长针每转 1 格，齿杆移动 0.01mm，故百分表的测量精度为 0.01mm。

使用百分表进行测量时，首先让长指针对准零位，测量时长针转过的格数即测量尺寸。

（4）使用内径百分表测量孔径尺寸　如图 4-16 所示，内径百分表是将百分表装夹在侧架上，触头通过摆动块、杆将测量值 1∶1 传递给百分表。固定测量头可根据孔径大小更换，测量前应该使百分表对准零位。

如图 4-17 所示，使用内径百分表

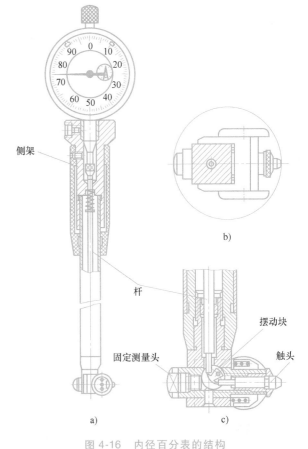

图 4-16　内径百分表的结构

a）结构原理　b）孔中测量情况　c）测量头部放大图

进行测量时，必须左右摆动百分表，测量所得的最小数值就是孔径的实际尺寸。内径百分表主要用于测量精度较高且较深的孔。

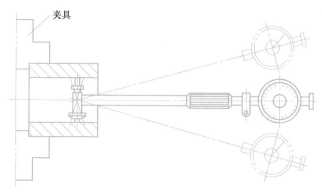

图 4-17　使用内径百分表测量孔径尺寸

任务拓展

编程加工图 4-18 所示的圆套零件，毛坯尺寸为 $\phi60\text{mm}\times40\text{mm}$，零件材料为 45 钢。

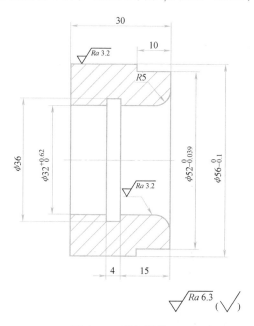

图 4-18　圆套零件图

任务 2　螺纹套的编程与加工

学习目标

1）掌握内螺纹底孔直径的计算方法和内螺纹零件加工工艺。

2）掌握螺纹加工指令 G32、G92 和 G76 在内螺纹加工中的应用。

3）能通过螺纹套零件的加工熟悉内螺纹零件数控车削操作。

4）能用 G74 指令正确编写端面槽循环加工程序。

5）能通过正确检验工件来验证加工的正确性。

任务布置

试编程加工完成如图 4-19 所示的螺纹套零件，零件的三维效果图如图 4-20 所示，已知零件毛坯为 ϕ55mm 的 45 钢。

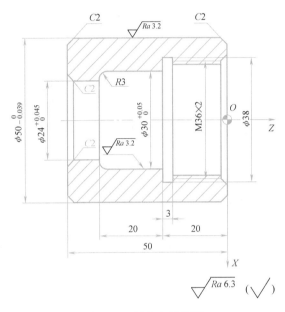

图 4-19　螺纹套零件图

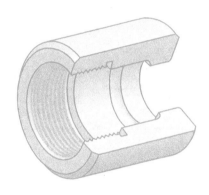

图 4-20　螺纹套零件三维效果图

任务分析

完成螺纹套零件的数控加工需要以下步骤：

1）拟订该螺纹套零件的加工工艺。

2）根据孔径合理选择钻头钻底孔，根据加工余量选择进给方式，合理分配分层切削深度。

3）该零件加工表面由端面、外圆柱面、内圆柱面、内圆弧面、内沟槽面和内螺纹组成。正确使用 G00、G01、G90、G92、G76 等指令编制工件轮廓加工程序。

4）输入程序并检验、单步执行、空运行、锁住完成零件模拟加工；选择车削加工常用的夹具（如自定心卡盘等）装夹工件毛坯；选择、安装和调整数控车床外圆车刀、内孔镗刀、内切槽刀、内螺纹刀和切断刀；进行 X、Z 向对刀，设定工件坐标系；选择自动工作方式，按程序进行自动加工，完成外圆柱面、内圆柱面、螺纹和内沟槽面的切削加工。

5）检测已加工零件，分析零件加工质量，对不足之处提出改进意见。

案例体验

【例 4-4】　图 4-21 所示为内螺纹零件图，试编制程序加工其内表面。

（1）零件工艺分析

1）刀具选择。选择 T1 内孔镗刀粗、精镗内孔，选择 T2 内螺纹车刀加工内螺纹，选择 T3ϕ16mm 钻头钻底孔。

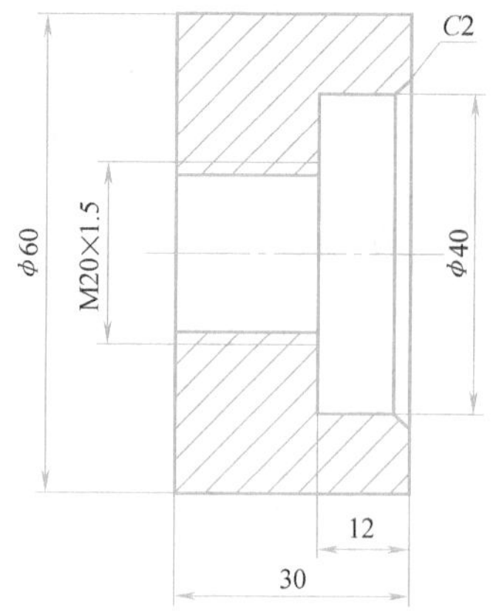

2）螺纹尺寸计算。由螺距 P 为 1.5mm，查表 3-11 或计算加工余量 = 1.0825mm × 1.5 = 1.62mm，得螺纹底孔直径 = 20mm − 1.62mm = 18.38mm，分 4 次切削，分层切削深度分别为 0.8mm、0.5mm、0.2mm、0.12mm，则分层切削内径分别为 d_1 = 18.38mm + 0.8mm = 19.18mm；$d_2 = d_1 + 0.5$mm = 19.68mm；$d_3 = d_2 + 0.2$mm = 19.88mm；$d_4 = d_3 + 0.12$mm = 20mm。

（2）参考程序　参考程序见表 4-14。

图 4-21　内螺纹零件图

表 4-14　内螺纹零件参考程序

程序内容	动作说明
O0421；	程序名
N10 G21 G40 G99；	米制输入，取消刀补，每转进给
N20 T0101 M03 S500；	选内孔镗刀
N30 G00 X15 Z2；	粗镗内孔循环起点
N40 G71 U1 R1；	调用粗车循环，粗镗内孔
N50 G71 P60 Q110 U−0.6 F0.2；	
N60 G00 X44；	
N70 G01 Z0 F0.1；	
N80 X40 Z−2；	
N90 Z−12；	
N100 X18.38；	
N110 Z−31；	
N120 G00 X100 Z100；	回换刀点
N130 M05；	主轴停转
N140 M00；	暂停检测工件
N150 G00 X15 Z2；	精镗内孔循环起点
N160 G70 P60 Q110；	调用精车循环，精镗内孔
N170 G00 X100 Z100；	回换刀点
N180 T0202 M03 S300；	选内螺纹车刀
N190 G00 X18 Z2；	快速到达内螺纹切削起始点
N200 G92 X19.18 Z−32 F1.5；	$d_1 = 0.8$mm，第 1 刀车削螺纹
N210 X19.68；	$d_2 = 0.5$mm，第 2 刀车削螺纹
N220 X19.88；	$d_3 = 0.2$mm，第 3 刀车削螺纹
N230 X20；	$d_4 = 0.12$mm，第 4 刀车削螺纹

（续）

程序内容	动作说明
N240 G00 X100 Z100;	回换刀点
N250 M05;	主轴停转
N260 M30;	程序结束且复位

 相关知识

1. 内螺纹加工工艺

安装螺纹刀具要使用安装样板。内螺纹加工的进给次数与每次背吃刀量的关系与外螺纹加工相同，可查表3-11。为减少螺纹头部的螺距误差，螺纹切削的起刀点一般离螺纹端部2倍导程以上。

加工内螺纹时，牙深计算公式 $H = 1.0825 \times$ 螺距，其中 H 为直径量。底孔直径 = 公称直径 $-H$。

2. 内螺纹加工指令

内螺纹可以通过螺纹切削指令 G32、螺纹切削循环指令 G92 和螺纹切削复合循环指令 G76 来编程加工。指令格式与外螺纹加工一致，只是螺纹加工路径有所不同，如图4-22所示，内螺纹切削时按照①→④的轨迹走刀，其中步骤②为切削螺纹进给路径。

【例4-5】　试编程加工图4-23所示的圆螺母零件的内螺纹。

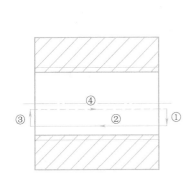

图 4-22　内螺纹切削轨迹示意图

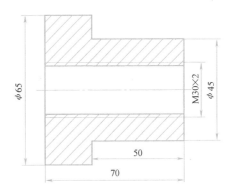

图 4-23　圆螺母零件

M30×2 螺纹螺距为2mm，查表3-11得牙型高1.08mm，分5次切削，分层切削深度分别为 0.9mm 、0.6mm 、0.3mm 、0.2mm 、0.16mm。螺纹底孔直径 = 30mm − 1.08mm × 2 = 27.84mm，则分层切削内径分别为 $d_1 = 27.84\text{mm} + 0.9\text{mm} = 28.74\text{mm}$，$d_2 = d_1 + 0.6\text{mm} = 29.34\text{mm}$，$d_3 = d_2 + 0.3\text{mm} = 29.64\text{mm}$，$d_4 = d_3 + 0.2\text{mm} = 29.84\text{mm}$，$d_5 = d_4 + 0.16\text{mm} = 30\text{mm}$。用 G32 指令编程加工内螺纹的参考程序见表4-15，用 G92 指令编程加工内螺纹的参考程序见表4-16，用 G76 指令编程加工内螺纹的参考程序见表4-17。

表 4-15　用 G32 指令编程加工内螺纹参考程序

程序内容	动作说明
O0422；	程序名
N10 G21 G40 G99；	米制输入,取消刀补,每转进给
N20 T0101 M03 S500；	选内孔镗刀
N30 G00 X26 Z2；	到达内螺纹切削起始点
N40 X28.74；	$d_1 = 0.9$mm
N50 G32 Z-72 F2；	第 1 刀车削螺纹
N60 G00 X26；	沿径向退出
N70 Z2；	快速返回起刀点
N80 X29.34；	$d_1 = 0.6$mm
N90 G32 Z-72 F2；	第 2 刀车削螺纹
N100 G00 X26；	沿径向退出
N110 Z2；	快速返回起刀点
N120 X29.64；	$d_1 = 0.3$mm
N130 G32 Z-72 F2；	第 3 刀车削螺纹
N140 G00 X26；	沿径向退出
N150 Z2；	快速返回起刀点
N160 X29.84；	$d_1 = 0.2$mm
N170 G32 Z-72 F2；	第 4 刀车削螺纹
N180 G00 X26；	沿径向退出
N190 Z2；	快速返回起刀点
N200 X30；	$d_1 = 0.16$mm
N210 G32 Z-72 F2；	第 5 刀车削螺纹
N220 G00 X26；	沿径向退出
N230 Z2；	快速返回起刀点
N240 G00 X100 Z100；	回换刀点
N250 M05；	主轴停转
N260 M30；	程序结束且复位

表 4-16　用 G92 指令编程加工内螺纹参考程序

程序内容	动作说明
O0423；	程序名
N10 G21 G40 G99；	米制输入,取消刀补,每转进给
N20 T0101 M03 S500；	选内孔镗刀
N30 G00 X27 Z2；	切削内螺纹起始点
N40 G92 X28.74 Z-72 F2；	分层切削螺纹
N50 X29.34；	
N60 X29.64；	

（续）

程序内容	动作说明
N70 X29.84;	
N80 X30;	
N90 G00 X100 Z100;	回换刀点
N100 M05;	主轴停转
N110 M30;	程序结束且复位

表 4-17 用 G76 指令编程加工内螺纹参考程序

程序内容	动作说明
O0424;	程序名
N10 G21 G40 G99;	米制输入,取消刀补,每转进给
N20 T0101 M03 S500;	选内孔镗刀
N30 G00 X26 Z2;	到切削内螺纹起始点
N40 G76 P021260 Q100 R100;	切削内螺纹
N50 G76 X30000 Z-72000 P1080 Q900 F2;	
N60 G00 X100 Z100;	回换刀点
N70 M05;	主轴停转
N80 M30;	程序结束且复位

3. 端面槽固定循环指令（循环加工）G74

端面槽编程格式：

G00　　X$\underline{\alpha_1}$　Z$\underline{\beta_1}$；

G74　$\underline{R}$ $\underline{e}$；

G74　　X$\underline{\alpha_2}$　Z$\underline{\beta_2}$　P$\underline{\Delta i}$　Q$\underline{\Delta k}$　R$\underline{\Delta d}$　F$\underline{f}$；

其中，α_1、β_1 为端面槽循环起刀点位置坐标；

e 为回退量；

α_2、β_2 为端面槽槽底位置坐标；

Δi 为 X 方向的移动量（不带符号），单位为 μm；

Δk 为 Z 方向每次切深（不带符号），单位为 μm；

Δd 为刀具在切削底部的退刀量。

【例 4-6】 加工如图 4-24 所示的端面槽，试编制其加工程序。

先采用 45°端面刀手动车削右端面，然后采用刀宽为 5mm 的切槽刀切槽。切槽参考程序见表 4-18。

Z 向进给钻削、切槽循环指令 G74

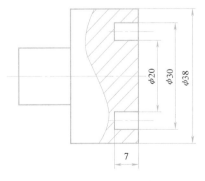

图 4-24 端面槽零件图（一）

表 4-18 端面槽零件加工参考程序

程序内容	动作说明
O0425；	程序名
N10 G21 G40 G99；	米制输入,取消刀补,每转进给
N20 T0202 M03 S300；	选切槽刀
N30 G00 X20 Z2 M08；	快速到达端面槽加工起始点
N40 G74 R1；	调用端面槽固定循环,加工端面槽
N50 G74 Z−7 Q3000 F0.15；	
N60 G00 Z100 M09；	轴向退刀
N70 X100；	回换刀点
N80 M05；	主轴停转
N90 M30；	程序结束且复位

【例 4-7】 加工如图 4-25 所示的端面槽零件,试编制其加工程序。

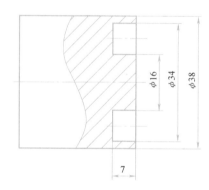

图 4-25 端面槽零件图 (二)

先采用 45°端面刀手动车削右端面,然后采用切槽刀 (刀宽为 4mm) 切槽。切槽参考程序见表 4-19。

表 4-19 端面槽零件加工参考程序内容

程序内容	动作说明
O0426；	程序名
N10 G21 G40 G99；	米制输入,取消刀补,每转进给
N20 T0202 M03 S300；	选内孔镗刀
N30 G00 X16 Z2 M08；	快速到达端面槽加工起始点
N40 G74 R1；	调用端面槽固定循环,加工端面槽
N50 G74 X26 Z−7 P3000 Q3000 F0.15；	
N60 G00 Z100 M09；	轴向退刀
N70 X100；	回换刀点
N80 M05；	主轴停转
N90 M30；	程序结束且复位

任务实施

1. 零件工艺分析

螺纹套零件表面包括端面、内外圆柱面、内圆角、倒角、内沟槽、内螺纹等。零件材料为45钢,无热处理和硬度要求。由于毛坯为棒料,确定装夹方案用自定心卡盘夹紧定位。

对零件进行工艺分析,制订数控加工工序卡(见表4-20)和数控加工刀具卡(见表4-21)。

表4-20 数控加工工序卡

工步号	工步内容(进给路线)	主轴转速 /(r/min)	进给量 /(mm/r)	背吃刀量 /mm
1	车端面	500	0.1	
2	钻φ20mm底孔	400	0.1	
3	粗车外圆表面	500	0.2	1.5
4	精车外圆表面	1000	0.1	0.25
5	粗镗内表面	500	0.2	0.8
6	精镗内表面	1000	0.1	0.2
7	切内沟槽	300	0.08	
8	切内螺纹	300	2	
9	切断	300	0.1	
10	掉头车端面,保证总长	800	0.5	0.2
11	倒角	800	0.1	

表4-21 数控加工刀具卡

序号	刀具号	刀具名称及规格	刀尖半径 R/mm	加工表面
1	T01	93°外圆车刀	0.4	端面
2	T02	内孔镗刀	0.4	内孔
3	T03	宽3mm的内槽刀	0.3	内槽
4	T04	60°内螺纹刀	0.2	内螺纹
5	T05	切断刀	0.3	切断
6	T06	φ20mm钻头		钻孔

进行数值计算。以工件右端面与轴线的交点为程序原点建立工件坐标系。分别计算各基点位置坐标值。由螺距 $P=2$mm,得车螺纹前的孔径 $=36$mm-2×1.08mm$=33.84$mm。由牙深 $h=1.08$mm,切削余量 $=2\times1.08$mm$=2.16$mm,查表3-11可知螺纹分5次切削,每次的背吃刀量为0.9mm/2、0.6mm/2、0.3mm/2、0.2mm/2、0.16mm/2。

2. 参考程序

加工右端外圆、内孔的参考程序见表4-22。零件左端加工参考程序见表4-23。

表 4-22　右端外圆、内孔加工参考程序

程序内容	动作说明
O0427；	程序名
N10 G21 G40 G99；	米制输入,取消刀补,每转进给
N20 T0101 M03 S500；	选外圆车刀
N30 G00 X55 Z2；	
N40 G90 X52 Z-53 F0.2；	粗车外圆
N50 X50.5；	
N60 G00 X46 Z2；	精车外圆及倒角
N70 G01 Z0 F0.1；	
N80 G01 X50 Z-2 F0.1；	
N90 Z-50；	
N100 G00 X100 Z100；	回换刀点
N110 M03 S500 T0202；	选内孔镗刀
N120 G00 X18 Z2；	粗镗循环起点
N130 G71 U0.8 R1；	调用粗车循环,粗镗内表面
N140 G71 P150 Q230 U-0.4 W0.2 F0.2；	
N150 G00 X37.84；	
N160 G01 Z0 F0.1；	
N170 X33.84 Z-2；	
N180 Z-20；	
N190 X30；	
N200 Z-37；	
N210 G03 X24 W-3 R3；	
N220 G01 Z-53；	
N230 U-1；	
N240 G00 X100 Z100；	回换刀点
N250 M05；	主轴停转
N260 M00；	暂停检测工件
N270 M03 S1000 T0202；	准备精加工
N280 G00 X18 Z2；	精镗循环起点
N290 G70 P150 Q230；	调用精车循环,精镗内表面
N300 G00 X100 Z100；	回换刀点
N310 M03 S300 T0303；	换内切槽刀
N320 G00 X29 Z2；	切内槽
N330 Z-20；	
N340 G01 X38 F0.08；	
N350 G04 X0.5；	暂停 0.5s

（续）

程序内容	动作说明
N360 G00 X26;	
N370 Z2;	
N380 G00 X100 Z100;	回换刀点
N390 M03 S300 T0404	换内螺纹刀
N400 G00 X30 Z5;	到达内螺纹切削起点
N410 G92 X34.74 Z-18 F2;	$d_1=0.9mm$,第1刀车削螺纹
N420 X35.34;	$d_2=0.6mm$,第2刀车削螺纹
N430 X35.64;	$d_3=0.3mm$,第3刀车削螺纹
N440 X35.84;	$d_4=0.2mm$,第4刀车削螺纹
N450 X36;	$d_5=0.16mm$,第5刀车削螺纹
N460 G00 X100 Z100;	回换刀点
N470 M05;	主轴停转
N480 M30;	程序结束且复位

表4-23　零件左端加工参考程序

程序内容	动作说明
O0428;	程序名
N10 G21 G40 G99;	米制输入,取消刀补,每转进给
N20 T0101 M03 S500;	选外圆车刀
N30 G00 X22 Z2;	
N40 G01 Z0 F0.1;	
N50 X46;	
N60 X52 Z-3;	
N70 G00 X100 Z100;	回换刀点
N80 T0202 M03 S500;	选内孔镗刀
N90 G00 X28 Z2;	镗内孔倒角
N100 G01 Z0 F0.1;	
N110 G01 X22 Z-3 F0.1;	
N120 G00 Z100;	轴向退刀
N130 X100;	回换刀点
N140 M05;	主轴停转
N150 M30;	程序结束且复位

3. 零件检测与评分

零件加工完成后，按图样要求检测工件，对工件进行误差与质量分析，评价标准见表4-24。

表 4-24　零件检测与评价标准

班级			姓名			学号		
任务名称			螺纹套的编程与加工			零件图号		图 4-19
基本检查	编程	序号	检测内容			配分	学生自评	教师评分
		1	加工工艺路线制订正确			5		
		2	切削用量选择合理			5		
		3	程序正确			5		
	操作	4	设备操作、维护保养正确			5		
		5	安全、文明生产			5		
		6	刀具选择、安装正确规范			5		
		7	工件找正、安装正确规范			5		
工作态度		8	纪律表现			5		
外圆		9	$\phi50_{-0.039}^{0}$ mm $Ra3.2\mu m$			7		
						2		
内孔		10	$\phi24_{0}^{+0.045}$ mm $Ra6.3\mu m$			7		
						2		
		11	$\phi30_{0}^{+0.05}$ mm $Ra3.2\mu m$			7		
						2		
		12	$\phi38$mm $Ra6.3\mu m$			4		
						2		
内螺纹		13	$M36\times2$mm			11		
长度		14	50mm			4		
		15	20mm,两处			2		
		16	3mm			2		
倒角		17	$C2$mm,4 处			8		
综合得分						100		

任务拓展

试编程加工图 4-26 所示的圆螺母零件，毛坯为 $\phi35$mm 的 45 钢。

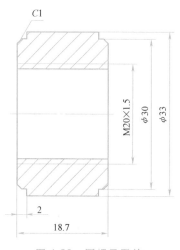

图 4-26　圆螺母零件

任务3　法兰盘的编程与加工

学习目标

1）掌握盘类零件的加工工艺。

2）掌握恒定切削速度功能在盘类零件加工中的应用。

3）掌握 G94、G72 等端面车削循环指令的编程方法及应用。

4）能通过法兰盘零件的加工熟悉盘类零件数控车削基本操作。

5）能通过正确检验工件来验证工件加工的正确性。

任务布置

试完成如图 4-27 所示法兰盘的编程与加工，三维效果图如图 4-28 所示，零件毛坯尺寸为 ϕ125mm×46mm，材料为 45 钢。

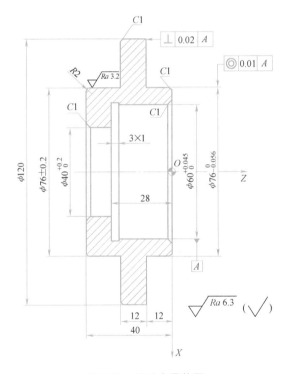

图 4-27　法兰盘零件图

图 4-28　法兰盘三维效果图

任务分析

完成法兰盘零件的数控加工需要以下步骤：

1）拟订该法兰盘零件的加工工艺。

2）根据最小孔径合理选择钻头钻底孔，根据加工余量选择进刀方式，合理分配分层切削深度。

3）该零件加工表面由端面、外圆柱面和内沟槽面组成。正确使用 G00、G01、G90、G94、G72 等指令编制工件轮廓加工程序。

4）输入程序并检验、单步执行、空运行、锁住完成零件模拟加工；选择车削加工常用的夹具（如自定心卡盘等）装夹工件毛坯；选择、安装和调整数控车床外圆车刀、内孔镗刀、内沟槽刀；进行 X、Z 向对刀，设定工件坐标系；选择自动工作方式，按程序进行自动加工，完成外圆柱面、内圆柱面和内沟槽面的切削加工。

5）检测已加工零件，分析零件加工质量，对不足之处提出改进意见。

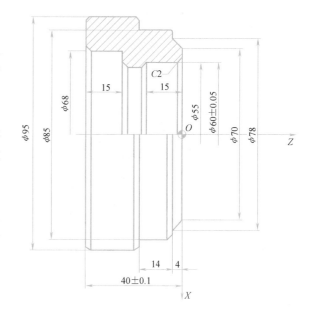

图 4-29 盘类零件编程及车削加工应用示例

案例体验

【例 4-8】 如图 4-29 所示，零件毛坯尺寸为 $\phi100\text{mm}\times42\text{mm}$，材料为 45 钢，试编程加工该零件。

（1）零件工艺分析 确定装夹方案。用自定心卡盘夹紧定位，加工完工件左端后，需调头装夹。

零件数控加工工序卡见表 4-25，数控加工刀具卡见表 4-26。

表 4-25 数控加工工序卡

工序号	工序内容(进给路线)	主轴转速 /(r/min)	进给量 /(mm/r)	背吃刀量 /mm
1	车端面	600	0.2	
2	钻孔 $\phi20\text{mm}$	600		
3	扩孔 $\phi32\text{mm}$	600		
4	粗车左端外表面	600	0.2	2
5	精车左端外表面	1000	0.1	0.5
6	粗镗左端内表面	600	0.1	1
7	精镗左端内表面	1000	0.1	0.5
8	掉头车左端面,保证总长	600	0.2	
9	粗车右端外表面	600	0.2	2
10	精车右端外表面	1000	0.1	0.5
11	粗镗右端内表面	600	0.1	1
12	精镗右端内表面	1000	0.1	0.5

表 4-26 数控加工刀具卡

序号	刀具号	刀具名称及规格	刀尖半径	加工表面
1	T01	93°外圆车刀右偏刀	0.4mm	车削外表面、端面
2	T02	粗精镗刀	0.4mm	镗孔及内锥面
3	T03	ϕ20mm 麻花钻		钻孔
4	T04	ϕ32mm 麻花钻		扩孔

（2）参考程序 由于工件不可能在一次装夹中完成所有型面的加工，须通过调头装夹，分别加工工件的左端和右端。工件左端加工参考程序见表 4-27，工件右端加工参考程序见表 4-28。

表 4-27 工件左端加工参考程序

程序内容	动作说明
O0431;	程序名
N10 G21 G40 G99;	米制输入，取消刀补，每转进给
N20 M03 S600 T0101;	选外圆车刀
N30 G00 X97 Z0;	
N40 G01 X0 F100;	车削端面
N50 G00 X100 Z2;	粗车外圆循环起点
N60 G71 U2 R1;	调用粗车循环，粗车右端外圆
N70 G71 P80 Q110 U1 F0.2;	
N80 G00 X91;	
N90 G01 Z0 F0.1;	
N100 X95 Z-2;	
N110 Z-23;	
N120 G00 X150 Z150;	回换刀点
N130 M05;	主轴停转
N140 M00;	暂停检测工件
N150 T0101 M03 S1000;	准备精加工
N160 G00 X100 Z2;	精车外圆循环起点
N170 G70 P80 Q110;	调用精车循环，精车右端外圆
N180 G00 X150 Z150;	回换刀点
N190 T0202 M03 600;	选内孔镗刀
N200 G00 X31 Z2;	粗镗内孔起始点
N210 G71 U1 R0.5;	调用粗车循环，粗镗右端内孔
N220 G71 P230 Q290 U-1 F0.2;	
N230 G00 X72;	
N240 G01 Z0 F0.1;	
N250 X68 Z-2;	
N260 Z-15;	

（续）

程序内容	动作说明
N270 X59;	
N280 X55 Z−17;	
N290 Z−27;	
N300 G00 X150 Z150;	回换刀点
N310 M05;	主轴停转
N320 M00;	暂停检测工件
N330 T0202 M03 S1000;	准备精加工
N340 G00 X31 Z2;	精镗内孔起始点
N350 G70 P230 Q290;	调用精车循环，精镗右端内孔
N360 G00 X150 Z150;	回换刀点
N370 M05;	主轴停转
N380 M30;	程序结束且复位

表 4-28　工件右端加工参考程序

程序内容	动作说明
O0432;	程序名
N10 G21 G40 G99;	米制输入，取消刀补，每转进给
N20 T0101 M03 S600;	选外圆车刀
N30 G00 X97 Z0;	
N40 G01 X0 F0.1;	车削端面
N50 G00 X100 Z2;	粗车外圆循环起点
N60 G72 W2 R1;	调用粗车循环，粗车右端外圆
N70 G72 P80 Q150 U1 F0.2;	
N80 G00 X70;	
N90 G01 Z0 F0.1;	
N100 X78 Z−4;	
N110 X81;	
N120 X85 Z−6;	
N130 Z−18;	
N140 X91;	
N150 X97 Z−21;	
N160 G00 X150 Z150;	回换刀点
N170 M05;	主轴停转
N180 M00;	暂停检测工件
N190 T0101 M03 S1000;	准备精加工
N200 G00 X100 Z2;	精车外圆循环起点
N210 G70 P80 Q150;	调用精车循环，精车右端外圆
N220 G00 X150 Z150;	回换刀点
N230 T0202 M03 S600;	选镗刀
N240 G00 X31 Z2;	粗镗内孔循环起点

（续）

程序内容	动作说明
N250 G71 U1 R1;	调用粗车循环,粗镗右端内孔
N260 G71 P270 Q320 U-1 F0.2;	
N270 G00 X64;	
N280 G01 Z0 F0.1;	
N290 X60 Z-2;	
N300 Z-15;	
N310 X59;	
N320 X53 Z-18;	
N330 G00 X150 Z150;	回换刀点
N340 M05;	主轴停转
N350 M00;	暂停检测工件
N360 T0202 M03 S1000;	准备精加工
N370 G00 X31 Z2;	精镗内孔循环起点
N380 G70 P270 Q320;	调用精车循环,精车右端内孔
N390 G00 X150 Z150;	回换刀点
N400 M05;	主轴停转
N410 M30;	程序结束且复位

 相关知识

1. 盘类零件加工工艺分析及编程

盘类零件与轴类零件相比,有其自己的特点。一般盘类零件的直径大于轴向尺寸,其在机器中主要起支承、连接作用。加工盘类零件时,刀具往往沿轴向进刀,径向切削。一般盘类零件形状复杂,所需加工程序较长,使用的刀具也比轴类零件要多一些。此外,由于切削位置的变化,使切削速度变化较大,因而,为使工件表面粗糙度值相等,往往采用恒表面切削速度。

2. 单一切削循环指令 G94

（1）车大端面循环切削指令 G94

指令格式：G94 X（U）__ Z（W）__ F __;

其中　X、Z 为端面切削终点绝对坐标；

端面固定切削
循环指令 G94

U、W 为端面切削终点相对循环起点的增量坐标。

该指令用于垂直于端面的加工,以去除大部分毛坯余量。其循环如图 4-30 所示,刀具按 1R→2F→3F→4R 循环,最后又回到循环起点。图中虚线表示按 R 快速移动,实线表示按 F 指定的进给速度移动。

（2）车大锥形端面循环切削指令 G94

指令格式：G94 X（I）__ Z（W）__ R（K）__ F __;

其中　X、Z 为端面切削终点的绝对坐标；

U、W 为端面切削终点相对循环起点的增量坐标；

R（K）为端面切削起点至终点位移在 Z 轴方向的坐标增量,即 $K=Z_{起点}-Z_{终点}$。

该指令用于锥形端面的加工。其循环如图 4-31 所示。刀具按 1R→2F→3R→4R 循环,最后又回到循环起点。图中虚线表示按 R 快速移动，实线表示按 F 指定的进给速度移动。

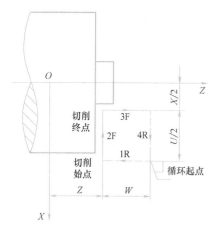

图 4-30　端面循环切削

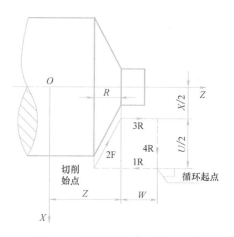

图 4-31　带锥度的端面循环切削

【例 4-9】　如图 4-32 所示，对端面循环切削进行编程，分多次进给，参考程序见表 4-29。

表 4-29　端面切削参考程序

程序内容	动作说明
O0433；	程序名
N10 G21 G40 G99；	米制输入，取消刀补，每转进给
N20 M03 S600 T0101；	选外圆车刀
N30 G00 X65 Z22；	
N40 G94 X20 Z16 F0.1；	$A \to B \to C \to D \to A$
N50 Z13；	$A \to E \to F \to D \to A$
N60 Z10；	$A \to G \to H \to D \to A$
N70 G00 X150 Z150；	回换刀点
N80 M05；	主轴停转
N90 M30；	程序结束且复位

【例 4-10】　如图 4-33 所示，对带锥度的端面循环切削进行编程，分多次进给，参考程序见表 4-30。

端面粗车复合固定循环指令 G72

3. 端面粗车复合固定循环指令 G72

端面粗车复合固定循环指令 G72 适于 X 轴方向尺寸较大而 Z 轴方向尺寸较小，毛坯为圆柱棒料的盘类零件的粗加工，如图 4-34 所示。

G72 编程格式：

G00　X$\underline{\alpha}$　Z$\underline{\beta}$；

G72　W$\underline{\Delta d}$　R$\underline{e}$；

G72　P$\underline{ns}$　Q$\underline{nf}$　U$\underline{\Delta u}$　W$\underline{\Delta w}$　F$\underline{f}$　S$\underline{s}$　T$\underline{t}$；

其中 α、β——粗车循环起刀点位置坐标；

Δd——背吃刀量（Z 向值），不带符号，切削方向决定于 AA' 方向。该值是模态值，指定其他值前不改变；

e——回刀时的 X 轴方向退刀量，该值是模态值，指定其他值前不改变；

ns——精加工程序段的开始程序段号；

nf——精加工程序段的结束程序段号；

Δu——X 轴方向精加工余量的距离和方向；

Δw——Z 轴方向精加工余量的距离和方向；

f、s、t——粗加工时的进给速度、主轴转速及使用的刀具号。

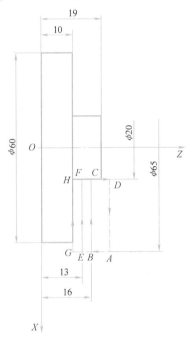

图 4-32　端面循环切削示例

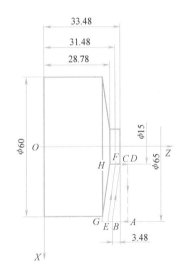

图 4-33　带锥度的端面循环切削示例

表 4-30　带锥度的端面切削参考程序

程序内容	动作说明
O0434；	程序名
N10 G21 G40 G99；	米制输入，取消刀补，每转进给
N20 M03 S600 T0101；	选外圆车刀
N30 G00 X65 Z37；	
N40 G94 X15 Z33.48 I-3.48 F0.1；	$A \to B \to C \to D \to A$
N50 Z31.48；	$A \to E \to F \to D \to A$
N60 Z28.78；	$A \to G \to H \to D \to A$
N70 G00 X150 Z150；	回换刀点
N80 M05；	主轴停转
N90 M30；	程序结束且复位

说明：

1）Δu 和 Δw 的符号如图 4-35 所示。

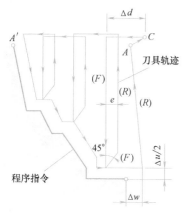

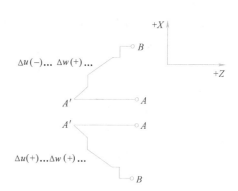

图 4-34 端面粗车复合固定循环指令
加工过程示意图

图 4-35 端面粗车复合固定
循环指令符号示意图

2）A 和 A' 之间的刀具轨迹是在包含 G00 或 G01 顺序号为 "ns" 的程序段中指定的，并且在这个程序段中，不能指定 Z 轴的运动指令。A' 和 B 之间的刀具轨迹在 X 和 Z 方向必须单调增加或减少。

3）在使用 G72 进行粗加工时，只有含在 G72 程序段中的 F、S、T 功能才有效，而包含在 ns、nf 程序段中的 F、S、T 功能仅对精加工循环有效，粗车循环可以进行刀具补偿。

4）当用恒表面切削速度控制时，在 A 点和 B 点间的运动指令中指定的 G96 或 G97 无效，而在 G72 程序段或以前的程序段中指定的 G96 或 G97 有效。

5）顺序号 "ns" 和 "nf" 之间的程序段不能调用子程序。

【例 4-11】 加工如图 4-36 所示的盘类零件。若 $\Delta u = 0.5$mm，$\Delta w = 0.2$mm，$\Delta d = 3$mm，坐标系、对刀点、循环起点如图 4-36 所示。试利用端面粗车复合固定循环指令 G72 编写其粗加工程序。

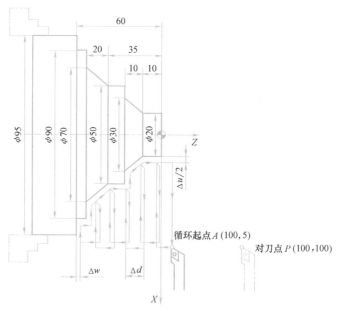

图 4-36 端面粗车复合固定循环指令应用举例

刀具采用外圆粗车刀 T01 和外圆精车刀 T02，参考程序见表 4-31。

表 4-31 数控加工参考程序

程序内容	动作说明
O0435;	程序名
N10 G21 G40 G99;	米制输入,取消刀补,每转进给
N20 M03 G96 S160 T0101;	启用恒线速控制
N30 G50 S600 G00 X100 Z5 M08;	限制最高转速
N40 G72 W3 R1;	调用粗车循环,端面粗车
N50 G72 P60 Q130 U0.5 W0.2 F0.2;	
N60 G01 X20 F0.1;	
N70 Z-10;	
N80 X30 W-10;	
N90 X50;	
N100 Z-35;	
N110 X70 W-20;	
N120 X90;	
N130 Z-60;	
N140 G00 X100 Z100 M09;	回换刀点
N150 M05;	主轴停转
N160 M00;	暂停检测工件
N170 G96 S200 T0202;	启用恒线速控制
N180 G50 S800 G00 X100 Z5 M08;	限制最高转速
N190 G70 P60 Q130;	调用精车循环,端面精车
N200 G00 X100 Z100 M09;	回换刀点
N210 M05;	主轴停转
N220 M30;	程序结束且复位

任务实施

1. 零件工艺分析

1）选择夹具：选择通用夹具——自定心卡盘。

2）量具选择：外径、长度使用游标卡尺进行测量。

零件需通过两次装夹完成加工。数控加工工序卡见表 4-32。数控加工刀具卡见表 4-33。

表 4-32 数控加工工序卡

工序号	工序内容 (进给路线)	主轴转速 /(r/min)	进给量 /(mm/r)	背吃刀量 /mm
1	车端面	600	0.2	
2	粗车左端外表面(长度距右端起 40mm)	600	0.2	3
3	精车左端外表面	800	0.1	0.25

（续）

工序号	工序内容（进给路线）	主轴转速 /(r/min)	进给量 /(mm/r)	背吃刀量 /mm
4	调头车端面,控制零件总长	600	0.2	
5	手动钻孔 φ36mm			
6	粗镗右端内表面	600	0.2	3
7	精镗右端内表面	800	0.1	0.5
8	粗车右端外表面	600	0.1	1
9	精车右端外表面	800	0.1	0.5

表 4-33　数控加工刀具卡

序号	刀具号	刀具名称及规格	加工表面
1	T01	93°外圆车刀右偏刀	外表面、端面
2	T02	粗精内孔镗刀	镗孔及内锥面
3	T03	内切槽刀（刀具宽度 3mm）	内槽
4	T04	φ20mm 麻花钻	钻孔
5	T05	φ36mm 麻花钻	扩孔

2. 参考程序

工件左端内、外表面加工参考程序见表 4-34，工件右端内、外表面加工参考程序见表 4-35。

表 4-34　工件左端内、外表面加工参考程序

程序内容	动作说明
O0436;	程序名
N10 G21 G40 G99;	米制输入,取消刀补,每转进给
N20 M03 S600 T0101;	选外圆车刀
N30 G00 X135 Z0 M08;	车削端面
N40 G01 X0 F0.1;	
N50 G00 X130 Z2;	粗车外圆循环起点
N60 G72 W3 R0.5;	调用粗车循环,粗车左端外圆
N70 G72 P80 Q130 U1 F0.2;	
N80 G00 X72;	
N90 G01 Z0 F0.1;	
N100 G03 X76 Z-2 R2;	
N110 G01 Z-16;;	
N120 X118;	
N130 X120 W-1;	
N140 G00 X150 Z100;	回换刀点
N150 M05;	主轴停转

（续）

程 序 内 容	动 作 说 明
N160 M00；	暂停检测工件
N170 T0101 M03 S800；	准备精加工
N180 G00 X130 Z2；	精车外圆循环起点
N190 G70 P80 Q130；	调用精车循环，精车左端外圆
N200 G00 X150 Z100 M05 M09；	回换刀点
N210 M05；	主轴停转
N220 M30；	程序结束且复位

表 4-35　工件右端内、外表面加工参考程序

程 序 内 容	动 作 说 明
O0437；	程序名
N10 G21 G40 G99；	米制输入，取消刀补，每转进给
N20 M03 S600 T0101；	选外圆车刀
N30 G00 X130 Z2；	粗车外圆循环起点
N40 G72 W3 R0.5；	调用粗车循环，粗车右端外圆
N50 G72 P60 Q110 U1 F0.2；	
N60 G00 X72；	
N70 G01 Z0 F0.1；	
N80 X76 Z-1；	
N90 Z-12；	
N100 X120；	
N110 Z-25；	
N120 G00 X150 Z100；	回换刀点
N125 M05；	主轴停转
N130 M00；	暂停检测工件
N140 T0101 M03 S800；	准备精加工
N150 G00 X130 Z2；	精车外圆循环起点
N160 G70 P60 Q110；	调用精车循环，精车右端外圆
N170 G00 X150 Z100；	回换刀点
N180 M03 S600 T0202；	换镗孔刀
N190 G00 X35 Z2；	粗镗内孔循环起点
N200 G71 U1 R0.5；	调用粗车循环，粗镗右端内孔
N210 G71 P220 Q280 U-1 F0.2；	
N220 G00 X62；	
N230 G01 Z0 F0.1；	
N240 X60 Z-1；	

（续）

程 序 内 容	动 作 说 明
N250 Z-28;	
N260 X40;	
N270 Z-39;	
N280 X42 Z-40;	
N290 G00 X150 Z100;	回换刀点
N300 M05;	主轴停转
N310 M00;	暂停检测工件
N320 T0202 M03 S600;	准备精加工
N330 G00 X35 Z2;	精镗内孔循环起点
N340 G70 P220 Q280;	调用精车循环,精镗右端内孔
N350 G00 X150 Z100;	回换刀点
N360 M03 S500 T0303;	换切槽刀
N370 G00 X35 Z2;	切内槽
N380 Z-28;	
N390 G01 X62 F0.1;	
N400 X35;	径向退刀
N410 G00 Z100;	轴向退刀
N420 X150;	回换刀点
N430 M05;	主轴停转
N440 M30;	程序结束且复位

3. 零件检测与评分

零件加工完成后,按图样要求检测工件,对工件进行误差与质量分析,评价标准见表4-36。

表 4-36　零件检测与评价标准

班级			姓名			学号	
任务名称			法兰盘的编程与加工		零件图号		图 4-27
基本检查	编程	序号	检测内容	配分	学生自评		教师评分
		1	加工工艺路线制订正确	5			
		2	切削用量选择合理	5			
		3	程序正确	5			
	操作	4	设备操作、维护保养正确	5			
		5	安全、文明生产	5			
		6	刀具选择、安装正确规范	5			
		7	工件找正、安装正确规范	5			
工作态度		8	纪律表现	5			

（续）

班级			姓名			学号	
任务名称			法兰盘的编程与加工		零件图号		图 4-27
外圆	9	$\phi120$mm $Ra6.3\mu$m		3			
				2			
	10	$\phi76$mm±0.2mm $Ra3.2\mu$m		5			
				2			
	11	$\phi76_{-0.056}^{0}$mm $Ra6.3\mu$m		7			
				2			
内孔	12	$\phi40_{0}^{+0.2}$mm $Ra6.3\mu$m		5			
				2			
	13	$\phi60_{0}^{+0.045}$mm $Ra6.3\mu$m		7			
				2			
长度	14	40mm		3			
	15	12mm（两处）		6			
	16	28mm		3			
其他	17	$R2$ 圆弧		3			
	18	倒角 4 处		8			
综合得分				100			

任务拓展

图 4-37 所示为圆盘零件图，毛坯尺寸外径 $\phi65$mm×34mm，零件材料为 45 钢，试编程加工该零件。

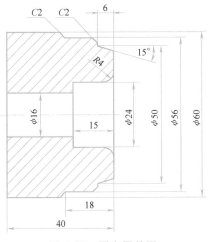

图 4-37 圆盘零件图

项目 5

传动轴的制作

任务 1 酒杯的编程与加工

学习目标

1）能用 G70、G73 等编程指令正确编写内凹表面零件的加工程序。

2）能通过酒杯的加工熟悉内凹表面零件数控车削基本操作方法。

3）能正确选择内凹表面零件加工所用的刀具。

4）能通过检测工件来验证工件加工的正确性。

任务布置

车削如图 5-1 所示的酒杯零件，试编制其数控程序并加工。已知零件材料为铝棒。

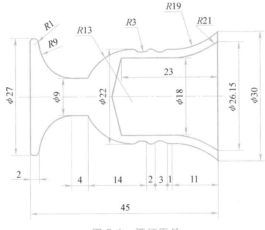

图 5-1 酒杯零件

任务分析

完成该酒杯零件的数控加工需要以下步骤：

1）拟订该酒杯零件的加工工艺。

2）该零件加工表面由端面、外圆柱面、外圆弧面、内圆柱面和内圆弧面组成。正确使用 G00、G01、G02、G03、G90、G73、G70 等指令编制加工程序。

3）输入程序并检验、单步执行、空运行、锁住完成零件模拟加工；装夹工件毛坯；选择、安装和调整数控车床外圆车刀、尖角刀、钻头、切槽刀及内孔镗刀；进行 X、Z 向对刀，设定工件坐标系；选择自动工作方式，按程序进行自动加工，完成零件外圆柱面、外圆弧面、内圆柱面和内圆弧面等的切削加工。

4）检测已加工零件，分析零件加工质量，对不足之处提出改进意见。

案例体验

【例 5-1】 加工如图 5-2 所示的异型轴零件，零件三维效果图如图 5-3 所示。已知零件毛坯为铝棒。

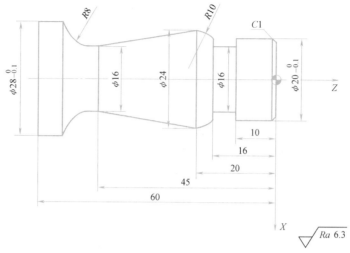

图 5-2　异型轴零件

图 5-3　异型轴零件三维效果图

（1）零件工艺分析　选择通用夹具——自定心卡盘。经过工艺分析，建立该异形轴零件的数控加工工序卡，见表 5-1，数控加工刀具卡见表 5-2。

表 5-1　数控加工工序卡

工步号	工步内容（进给路线）	主轴转速 /(r/min)	进给量 /(mm/r)	背吃刀量 /mm
1	切削左端面	500	0.1	
2	粗车外形轮廓	500	0.2	1
3	精车外形轮廓	800	0.1	0.3
4	切槽	300	0.08	
5	切断	300	0.08	

表 5-2　数控加工刀具卡

序号	刀具号	刀具名称及规格	加工表面
1	T01	93°外圆粗车车刀右偏刀	车端面、粗车外形
2	T02	93°尖角车刀（副偏角 30°）	粗车、精车外形
3	T03	切槽刀（刀宽 4mm）	切槽、切断

（2）参考程序　酒杯零件加工参考程序见表5-3。

表5-3　酒杯零件加工参考程序

程 序 内 容	动 作 说 明
O0511；	程序名
N10 G21 G40 G99；	米制输入,取消刀补,每转进给
N20 T0101 M03 S500；	换外圆车刀
N30 G00 X31 Z2；	快速到达循环起始点
N40 G71 U1 R1；	调用粗车循环,粗车外圆
N50 G71 P60 Q110 U0.6 F0.2；	
N60 G00 X18；	
N70 G01 Z0 F0.1；	
N80 X20 Z-1；	
N90 Z-16；	
N100 G03 X24 Z-20 R10；	
N110 G01 X28 Z-53；	
N120 G00 X100 Z100；	回换刀点
N130 M05；	主轴停转
N140 M00；	暂停检测工件
N150 T0101 M03 S800；	准备精加工
N160 G00 X31 Z2；	快速到达循环起始点
N170 G70 P60 Q110；	调用精车循环,精车外圆
N180 G00 X100 Z100；	回换刀点
N190 T0202 M03 S500；	换尖角车刀
N200 G00 X41 Z-18；	快速到达循环起始点
N210 G73 U6 W0 R6；	调用粗车循环,粗车内凹表面
N220 G73 P230 Q260 U0.6 W0.1 F0.2；	
N230 G00 X24；	
N240 G01 Z-20 F0.1；	
N250 X16 Z-45；	
N260 G02 X28 Z-53 R8；	
N270 G00 X100 Z100；	回换刀点
N280 M05；	主轴停转
N290 M00；	暂停检测工件
N300 T0202 M03 S800；	准备精加工
N310 G00 X41 Z-18；	快速到达循环起始点
N320 G70 P230 Q260；	调用精车循环,精车内凹表面
N330 G00 X100 Z100；	回换刀点
N340 T0303 M03 S300；	换切槽刀

（续）

程 序 内 容	动 作 说 明
N350 G00 X22 Z-16；	切槽
N360 G01 X16.5 F0.08；	
N370 G00 X22；	
N380 Z-14；	
N390 G01 X16 F0.08；	
N400 Z-16；	
N410 G00 X30；	
N420 G00 Z-64；	切断
N430 G01 X1 F0.08；	
N440 G00 X30；	
N450 G00 X100 Z100；	回换刀点
N460 M05；	主轴停转
N470 M30；	程序结束且复位

相关知识

1. 内、外圆粗车复合固定循环指令 G71

内、外圆粗车复合固定循环指令 G71 的编程格式：

G00　Xα　Zβ；

G71　U$\underline{\Delta d}$　R$\underline{e}$；

G71　P$\underline{ns}$　Q$\underline{nf}$　U$\underline{\Delta u}$　W$\underline{\Delta w}$　F$\underline{f}$　S$\underline{s}$　T$\underline{t}$　；

其中，精加工余量 Δu、Δw 的正负判定如图 5-4 所示，加工内孔时 Δu 取值应为负值。

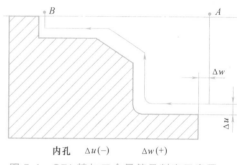

图 5-4　G71 精加工余量符号判定示意图

2. 封闭（或固定形状）粗车复合固定循环指令 G73

封闭（或固定形状）粗车复合固定循环就是按照一定的切削形状逐渐地接近最终形状，如图 5-5 所示。所以，它适用于毛坯轮廓形状与零件轮廓形状基本相似的粗车削。因此，这

固定形状粗车
复合固定循环
指令 G73

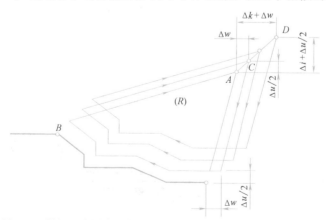

图 5-5　封闭（或固定形状）粗车复合固定循环指令加工示意图

种加工方式对于铸造或锻造毛坯的粗车是一种效率很高的方法。

编程格式：

G00　X$\underline{\alpha}$　Z$\underline{\beta}$；

G73　U$\underline{\Delta i}$　W$\underline{\Delta k}$　R$\underline{d}$；

G73　P$\underline{ns}$　Q$\underline{nf}$　U$\underline{\Delta u}$　W$\underline{\Delta w}$　F$\underline{f}$　S$\underline{s}$　T$\underline{t}$；

其中　α、β——粗车循环起刀点位置坐标；

　　　　Δi——X 轴方向退刀量的距离和方向，即 X 轴方向需要切除的总余量，该值是模
　　　　　　态值；

　　　　Δk——Z 轴方向退刀量的距离和方向，即 Z 轴方向需要切除的总余量，该值是模
　　　　　　态值；

　　　　d——粗车循环次数，该值是模态值；

　　ns、nf——精加工程序段的开始程序段号、结束程序段号；

　Δu、Δw——X 轴方向、Z 轴方向精加工余量的距离和方向；

　f、s、t——粗加工时的进给速度、主轴转速及使用的刀具号。

说明：

1）在使用 G73 指令进行粗加工时，只有含在 G73 程序段中的 F、S、T 功能才有效，而包含在 $ns\sim nf$ 程序段中的 F、S、T 功能即使被指定，只对精加工循环有效。粗车循环可以进行刀具补偿。

2）当启用恒表面切削速度控制时，在 A 点和 B 点间的运动指令中指定的 G96 或 G97 指令无效，而在 G73 程序段或以前的程序段中指定的 G96 或 G97 指令有效。

3）顺序号"ns"和"nf"之间的程序段不能调用子程序。

【例 5-2】　在 FANUC 0 i-TC 数控车床上加工如图 5-6 所示的轴类零件。若 $\Delta u = 0.5$ mm，

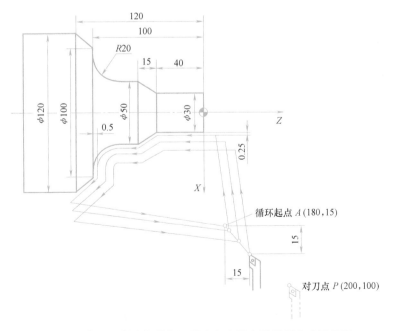

图 5-6　封闭（或固定形状）粗车复合固定循环指令应用示例

$\Delta w = 0.1\text{mm}$，$d = 3$ 次，$\Delta i = 15\text{mm}$，$\Delta k = 15\text{mm}$。试利用封闭（或固定形状）粗车复合固定循环 G73 指令编写其粗加工程序。

参考程序见表 5-4。

表 5-4 粗加工参考程序内容

程 序 内 容	动 作 说 明
O0512；	程序名
N10 G21 G40 G99；	米制输入，取消刀补，每转进给
N20 T0101 M03 S500；	选外圆车刀
N30 G00 X180 Z15 M08；	快速到达循环起始点
N40 G73 U15 W15 R3；	调用粗车循环，粗车外表面
N50 G73 P60 Q120 U0.5 W0.1 F0.2；	
N60 G00 X30 Z3；	
N70 G01 Z-40 F0.1；	
N80 X50 W-15；	
N90 Z-80；	
N100 G02 X90 W-20 R20；	
N110 G01 X100；	
N120 X120 Z-120；	
N130 G00 X100 Z100；	回换刀点
N140 M05；	主轴停转
N150 M30；	程序结束且复位

任务实施

1. 零件工艺分析

1）选择夹具：选择通用夹具——自定心卡盘。

2）选择刀具：选择 T1（35°）尖角车刀车削外圆及端面，选择 T2 盲孔镗刀镗削内孔，选择 T3 切槽刀（刀具宽度为 4mm）切断工件，选择 ϕ5mm 中心钻钻中心孔，选择 ϕ16mm 钻头钻孔。

3）选择量具：外径、长度及内孔使用游标卡尺进行测量。

首先粗、精镗内孔至尺寸，再粗、精车外圆至尺寸，然后切槽至尺寸，最后切断工件。数控加工工序卡见表 5-5。

表 5-5 数控加工工序卡

工序号	工序内容	主轴转速 /(r/min)	进给量 /(mm/r)	背吃刀量 /mm
1	钻中心孔	500		
2	钻孔	500		
3	粗镗内孔	500	0.15	1
4	精镗内孔	800	0.1	0.3

（续）

工序号	工序内容	主轴转速 /(r/min)	进给量 /(mm/r)	背吃刀量 /mm
5	粗车外圆	500	0.2	1
6	精车外圆	800	0.1	0.3
7	切断	300	0.1	

2. 参考程序

零件已钻好 ϕ16mm 孔，加工参考程序见表 5-6。

表 5-6 零件加工参考程序

程序内容	动作说明
O0513;	程序名
N10 G21 G40 G99;	米制输入,取消刀补,每转进给
N20 T0202 M03 S500;	选内孔镗刀
N30 G00 X15 Z2;	到达内孔循环起点
N40 G71 U1 R1;	调用粗加工循环,内孔粗加工
N50 G71 P60 Q100 U-0.6 F0.15;	
N60 G00 X26.15;	
N70 G01 Z0 F0.1;	
N80 G02 X24.46 Z-0.47 R1;	
N90 G02 X18 Z-10.97 R21;	
N100 G01 Z-23;	
N110 G00 X100 Z100;	回换刀点
N120 M05 M00;	主轴停转,程序暂停,检测工件
N130 T0202 M03 S800;	准备精加工
N140 G00 X15 Z2;	到达内孔循环起点
N150 G70 P60 Q100;	调用精加工循环,内孔精加工
N160 G00 X100 Z100;	回换刀点
N170 T0101 M03 S500;	选择尖角车刀
N180 G00 X50 Z2;	到达循环起点
N190 G73 U10 W0 R10;	调用粗加工循环,粗加工外表面
N200 G73 P210 Q330 U0.6 F0.2;	
N210 G00 X30;	
N220 G01 Z0 F0.1;	
N230 G02 X22 Z-11 R19;	
N240 G01 Z-12;	
N250 G02 X22 W-3 R3;	
N260 G01 W-2;	
N270 G02 X22 W-3 R3;	

（续）

程序内容	动作说明
N280 G01 W-1;	
N290 G03 X9 Z-31 R13;	
N300 G01 W-4;	
N310 G02 X25.2 Z-43 R9;	
N320 G03 X27 Z-44 R1;	
N330 G01 Z-45;	
N340 G00 X100 Z100;	回换刀点
N350 M05;	主轴停转
N360 M00;	程序暂停检测工件
N370 T0101 M03 S800;	准备精加工
N380 G00 X50 Z2;	到达循环起点
N390 G70 P210 Q330;	调用精加工循环，精加工外圆
N400 G00 X100 Z100;	回换刀点
N410 M05;	主轴停转
N420 M00;	程序暂停检测工件
N430 T0303 M03 S500;	选择切槽刀
N440 G00 X28 Z-49;	切断工件
N450 G01 X1 F0.1;	
N460 G00 X100 Z100;	回换刀点
N470 M05;	主轴停转
N480 M30;	程序结束且复位

3. 零件检测与评分

零件加工完成后，按图样要求检测工件，对工件进行误差与质量分析，评价标准见表5-7。

表5-7 零件检测与评价标准

班级			姓名		学号	
任务名称			酒杯的编程与加工		零件图号	图5-1
基本检查	编程	序号	检测内容	配分	学生自评	教师评分
		1	加工工艺路线制订正确	5		
		2	切削用量选择合理	5		
		3	程序正确	5		
	操作	4	设备操作、维护保养正确	5		
		5	安全、文明生产	5		
		6	刀具选择、安装正确规范	5		
		7	工件找正、安装正确规范	5		

（续）

班级			姓名		学号		
任务名称			酒杯的编程与加工		零件图号		图 5-1
工作态度	8		纪律表现	5			
外圆	9		ϕ30mm	3			
	10		ϕ22mm	4			
	11		ϕ9mm	4			
	12		ϕ27mm	3			
	13		R19mm	3×2			
	14		R3mm（2 处）	3			
	15		R13mm	3			
	16		R9mm	3			
	17		R1mm	3			
内孔	18		ϕ26.15mm	3			
	19		ϕ18mm	4			
	20		R21mm	3			
长度	21		45mm	2			
	22		11mm	2			
	23		1mm	2			
	24		3mm	2			
	25		2mm	2			
	26		14mm	2			
	27		4mm	2			
	28		2mm	2			
	29		23mm	2			
综合得分				100			

任务拓展

图 5-7 所示的铸件轴零件的，毛坯余量为 5mm，试用 G73 和 G70 指令编制其加工程序。

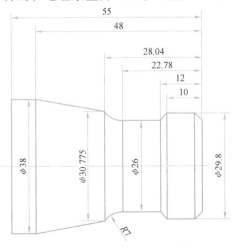

图 5-7　铸件轴零件

任务 2　活塞杆的编程与加工

 学习目标

1）掌握数控系统子程序常用的指令及编程规则。

2）通过对零件的加工，掌握数控系统子程序的适用范围及编程技巧。

3）能独立地选择并自行调整数控车削加工中切削用量的数值。

4）培养综合应用能力。

 任务布置

车削如图 5-8 所示的活塞杆零件，试编制其数控程序并加工。已知零件毛坯尺寸为 $\phi45mm\times100mm$，材料为 45 钢。

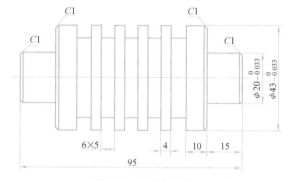

图 5-8　活塞杆零件

 任务分析

完成该零件的数控加工需要以下步骤：

1）拟订该活塞杆零件的加工工艺。

2）该零件加工表面由端面、外圆柱面和多个外沟槽面组成。正确使用 G00、G01 及子程序指令编制工件轮廓加工程序。

3）输入程序并检验、单步执行、空运行、锁住完成零件模拟加工；装夹工件毛坯；选择、安装和调整数控车床外圆车刀、外切槽刀；进行 X、Z 向对刀，设定工件坐标系；选择自动工作方式，按程序进行自动加工，完成零件外圆柱面和多个外沟槽面的切削加工。

4）检测已加工零件，分析零件加工质量，对不足之处提出改进意见。

案例体验

【例 5-3】　加工如图 5-9 所示的外沟槽零件，试用子程序加工零件的外沟槽。

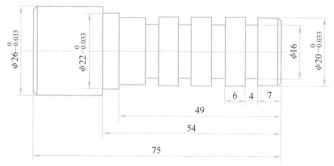

图 5-9　外沟槽零件

（1）零件工艺分析

1）选择夹具：选择通用夹具——自定心卡盘。

2）选择刀具：选择93°外圆车刀粗、精车外圆及端面，选择切槽刀（刀具宽度4mm）切外沟槽。

首先粗、精车左端外圆至尺寸，然后粗、精车右端外圆，最后循环切槽完成零件加工。零件数控加工工序卡见表5-8。

表5-8 零件数控加工工序卡

工序号	工序内容	主轴转速 /（r/min）	进给量 /（mm/r）	背吃刀量 /mm
1	粗车左端外圆	500	0.2	1
2	精车左端外圆	800	0.1	0.3
3	粗车右端外圆	500	0.2	1
4	精车右端外圆	800	0.1	0.3
5	循环切槽	300	0.08	

（2）参考程序 加工零件右端主程序见表5-9，切槽子程序见表5-10。

表5-9 加工零件右端主程序

程序内容	动作说明
O0521;	程序名
N10 G21 G40 G99;	米制输入，取消刀补，每转进给
N20 T0101 M03 S500;	选外圆车刀
N30 G00 X32 Z2;	到达循环起点
N40 G71 U1 R1;	调用粗车循环，粗车外圆
N50 G71 P60 Q110 U0.6 F0.1;	
N60 G00 X18;	
N70 G01 Z0 F0.1;	
N80 X20 Z-1;	
N90 Z-49;	
N100 X22;	
N110 Z-54;	
N120 G00 X100 Z100;	回换刀点
N130 M05;	主轴停转
N140 M00;	程序暂停检测工件
N150 T0101 M03 S800;	选外圆精车刀
N160 G00 X32 Z2;	快速到达循环起点
N170 G70 P60 Q110;	调用精车循环，精车外圆
N180 G00 X100 Z100;	回换刀点
N190 T0202 M03 S300;	选切槽刀
N200 G00 X22 Z-1;	
N210 M98 P0522 L4;	调用子程序4次（M98 P40522）
N220 G00 X100 Z100;	回换刀点
N230 M05;	主轴停转
N240 M30;	程序结束且复位

表 5-10　切槽子程序

程 序 内 容	动 作 说 明
O0522;	子程序名
N10 G00　W-10;	Z 向相对移动-10mm
N20 G01　U-6　F0.08;	切槽,X 向切削 6mm
N30 G04　X1;	暂停 1s
N40 G00　U6;	X 向退回
N50 M99;	子程序结束

 相关知识

1. 子程序概述

在实际生产中,经常会碰到某一固定的加工操作重复出现,可把这部分操作编写成程序,事先存入到存储器中,根据需要随时调用,使程序编写变得简单、快捷。本项目重点介绍在数控车削加工中利用子程序进行编程及车削加工。

程序分为主程序和子程序。通常 CNC 是按主程序的指示运动的,如果主程序中遇到调用子程序的指令,则 CNC 按子程序运动;在子程序中遇到返回主程序的指令时,CNC 便返回主程序继续执行,如图 5-10 所示。

在 CNC 存储器内,主程序和子程序合计可存储一定数量的程序(不同数控系统,总数量不一样),选择其中一个主程序后,便可按其指示控制 CNC 工作。

图 5-10　主程序和子程序

2. 子程序的编程方法

1)子程序的定义。在零件加工过程中,常常会遇到完全相同的加工轨迹。在编制加工程序时,有一些固定顺序和重复模式的程序段,通常在几个程序中都会使用它。这个典型的加工程序段可以编成固定程序,并单独加以命名,这组程序段就称为子程序。

2)子程序的作用。使用子程序可以减少不必要的重复编程,从而达到简化编程的目的。子程序可以调出使用,即主程序可以调用子程序,一个子程序也可以调用下一级的子程序。子程序必须在主程序结束指令后建立,其作用相当于一个固定循环。

3)子程序的编程格式。子程序的格式与主程序相同。在子程序的开头,在地址 O 后写上子程序号,在子程序的结尾用 M99 指令(有些系统用 RET 返回)表示子程序结束并返回主程序。

O××××;

……

M99;

4)子程序的调用。在主程序中,调用子程序的指令是一个程序段,其格式随具体的数控系统而定。FANUC 数控系统常用的子程序调用格式有以下两种:

① 编程格式：M 98　P××××　L××××。

式中　M98——子程序调用字；

　　　　P——子程序号。指定值的范围与该 CNC 相同（为 1～9999）。如果定义多于 4 位数的值，则最后 4 位数就作为子程序号；

　　　　L——子程序重复调用次数。重复次数的指定值范围为 1～9999，L 省略时为调用一次。

② 编程格式：M 98　P○○○○××××。

P 后面前四位为重复调用次数，省略时为调用一次；后 4 位为子程序号。

例如：M98 P51002，表示号码为 1002 的子程序连续调用 5 次。M98 P ＿ 也可以与移动指令同时存在于一个程序段中。

由此可见，子程序由程序调用字、子程序号和调用次数组成。

5）子程序的嵌套。为了进一步简化程序，可以让子程序调用另一个子程序，称为子程序的嵌套。上一级子程序与下一级子程序的关系和主程序与第一层子程序的关系相同。图 5-11 所示为子程序的嵌套及执行顺序。

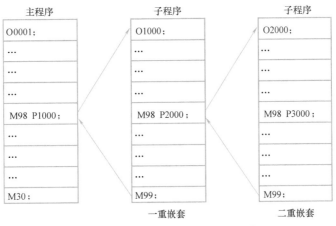

图 5-11　子程序的嵌套及执行顺序

注意：子程序嵌套不是无限次的，子程序可以嵌套多少次由具体的数控系统决定：在 FANUC 系统中，一般只能有两次嵌套，但当具有宏程序选择功能时，可以调用 4 重子程序。

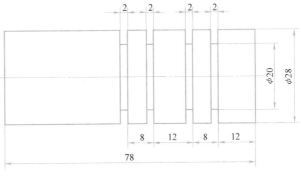

图 5-12　不等距槽轴

3. 子程序编程方法举例

【例 5-4】　车削等距槽有时采用循环加工比较简单，而不等距槽则调用子程序比较合适。图 5-12 所示为不等距槽轴，毛坯尺寸为 ϕ30mm×80mm，材料为铝合金，试编程加工该零件。

加工该零件需用 T01 外圆车刀和 T02 切槽刀（宽度为 2mm），加工零件左端主程序见表 5-11，加工零件右端主程序见表 5-12，子程序见表 5-13。

表 5-11　加工零件左端主程序

程 序 内 容	动 作 说 明
O0523；	程序名
N10 G21 G40 G99；	米制输入,取消刀补,每转进给
N20 T0101 M03 S500；	选外圆刀
N30 G00 X35 Z0；	粗车外圆
N40 G01 X0 F0.1；	
N50 G00 X28 Z2；	
N60 G01 Z-37 F0.1；	
N70 G00 X100 Z100；	回换刀点
N80 M05；	主轴停转
N90 M30；	程序结束且复位

表 5-12　加工零件右端主程序

程 序 内 容	动 作 说 明
O0524；	程序名
N10 G21 G40 G99；	米制输入,取消刀补,每转进给
N20 T0101 M03 S500；	选外圆刀
N30 G00 X35 Z0；	粗车外圆
N40 G01 X0 F0.1；	
N50 G00 X28 Z2；	
N60 G01 Z-41 F0.1；	
N70 G00 X100 Z100；	
N80 T0202 M03 S500；	选切槽刀
N90 G00 X30 Z0；	
N100 M98 P0525 L2；	调用子程序两次
N110 G00 X100 Z100；	回换刀点
N120 M05；	主轴停转
N130 M30；	程序结束且复位

表 5-13　子程序

程 序 内 容	动 作 说 明
O0525；	子程序名
N10 G00 W-12；	Z 向相对移动-12mm
N20 G01 U-10 F0.08；	X 向切削 10mm
N30 G04 X1；	暂停 1s
N40 G00 U10；	X 向退回 10mm
N50 W-8；	Z 向相对移动-8mm
N60 G01 U-10 F0.08；	X 向切削 10mm
N70 G04 X1；	暂停 1s
N80 G00 U10；	X 向退回 10mm
N90 M99；	子程序结束

任务实施

1. 零件工艺分析

1）选择夹具　选择通用夹具——自定心卡盘及后顶尖。

2）选择刀具　选择外圆车刀车外圆及端面，选择切槽刀（刀具宽度为4mm）切槽。

3）选择量具　测量外径、槽使用外径千分尺，测量长度使用游标卡尺。

首先粗、精车右端外圆至尺寸，再粗、精车左端外圆至尺寸，最后切槽。零件数控加工工序卡见表5-14。

表5-14　数控加工工序卡

工步号	工步内容	主轴转速 /(r/min)	进给量 /(mm/r)	背吃刀量 /mm
1	粗车左端外圆	500	0.2	2
2	精车左端外圆	800	0.1	0.3
3	粗车右端外圆	500	0.2	2
4	精车右端外圆	800	0.1	0.3
5	切槽	400	0.1	

2. 参考程序

加工活塞杆左端参考程序见表5-15。

表5-15　加工活塞杆左端参考程序

程序内容	动作说明
O0526;	程序名
N10 G21 G40 G99;	米制输入，取消刀补，每转进给
N20 T0101 M03 S500;	选外圆粗车刀
N30 G00 X45 Z2;	快速到达循环起点
N40 G71 U2 R1;	粗车外圆
N50 G71 P60 Q120 U0.6 F0.2;	调用粗车循环，粗车外圆
N60 G00 X18;	
N70 G01 Z0 F0.1;	
N80 X20 Z-1;	
N90 Z-15;	
N100 X43;	
N110 X45 Z-16;	
N120 Z-26;	
N130 G00 X100 Z100;	回换刀点
N140 M05;	主轴停转
N150 M00;	暂停检测工件
N160 T0101 M03 S800;	准备精加工

（续）

程 序 内 容	动 作 说 明
N170 G00 X45 Z2；	快速到达循环起点
N180 G70 P60 Q120；	调用精车循环，精车外圆
N190 G00 X100 Z100；	回换刀点
N200 M05；	主轴停转
N210 M30；	程序结束且复位

加工活塞杆右端主程序见表 5-16，加工活塞杆右端子程序见表 5-17。

表 5-16　加工活塞杆右端主程序

程 序 内 容	动 作 说 明
O0527；	程序名
N10 G21 G40 G99；	米制输入，取消刀补，每转进给
N20 T0101 M03 S500；	选外圆粗车刀
N30 G00 X45 Z2；	快速到达循环起点
N40 G71 U2 R1；	粗车外圆
N50 G71 P60 Q130 U0.6 F0.2；	
N60 G00 X18；	
N70 G01 Z0 F0.1；	
N80 X20 Z-1；	
N90 Z-15；	
N100 X43；	
N110 X45 Z-16；	
N120 Z-71；	
N130 U1；	
N140 G00 X100 Z100；	回换刀点
N150 M05；	主轴停转
N160 M00；	暂停检测工件
N170 T0101 M03 S800；	准备精加工
N180 G00 X45 Z2；	快速到达循环起点
N190 G70 P60 Q130；	精车外圆
N200 G00 X100 Z100；	回换刀点
N210 T0202 M03 S300；	选切槽刀
N220 G00 X45 Z-21；	
N230 M98 P0528 L5；	切槽，调用子程序 5 次
N240 G00 X100 Z100；	回换刀点
N250 M05；	主轴停转
N260 M30；	程序结束且复位

表 5-17　加工活塞杆右端子程序

程 序 内 容	动 作 说 明
O0528;	子程序名
N10 G00　W−10;	Z 向相对移动−10mm
N20 G01　U−11.6　F0.1;	X 向切削 11.6mm
N30 G00　U11.6;	X 向退回 11.6mm
N40 W2;	Z 向相对移动 2mm
N50 G01　U−12　F0.1;	X 向切削 12mm
N60 G04　X1;	暂停 1s
N70 G01 W−2 F0.1;	Z 向切削,相对移动 2mm
N80 G00 U12;	X 向退回 12mm
N90 M99;	子程序结束

3. 零件检测与评分

零件加工完成后,按图样要求检测工件,对工件进行误差与质量分析,评价标准见表 5-18。

表 5-18　零件检测与评价标准

班级			姓名			学号	
任务名称			活塞杆的编程与加工		零件图号		图 5-8
基本检查	编程	序号	检测内容	配分	学生自评		教师评分
		1	加工工艺路线制订正确	5			
		2	切削用量选择合理	5			
		3	程序正确	5			
	操作	4	设备操作、维护保养正确	5			
		5	安全、文明生产	5			
		6	刀具选择、安装正确规范	5			
		7	工件找正、安装正确规范	5			
工作态度		8	纪律表现	5			
外圆		9	$\phi 43_{-0.033}^{0}$ mm, $Ra3.2\mu m$	9			
				2			
		10	$\phi 20_{-0.033}^{0}$ mm, $Ra3.2\mu m$	9			
				2			
长度		11	95mm	2			
		12	15mm	2			
		13	10mm	2			
		14	4 mm(4 处)	2×4			
槽		15	6mm(5 处)	2×5			
		16	5mm(5 处)	2×5			
倒角		17	4 处	4			
综合得分				100			

任务 3　椭圆轴的编程与加工

学习目标

1) 了解宏指令、宏程序的基本概念。
2) 掌握宏程序的常用指令及编程方法。
3) 掌握数控车削非圆曲线成型面的基本方法。
4) 培养综合应用能力。

任务布置

车削如图 5-13 所示的椭圆轴零件，试编制其数控程序并加工。已知零件毛坯尺寸为 $\phi50\text{mm}\times68\text{mm}$，材料为铝棒。

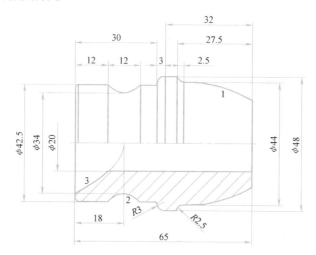

曲线1：椭圆 $\dfrac{X^2}{22^2}+\dfrac{Z^2}{35^2}=1$　　曲线2：双曲线 $\dfrac{X^2}{17^2}-\dfrac{Z^2}{8^2}=1$

曲线3：抛物线 $Z=\dfrac{X^2}{18}-18$

图 5-13　椭圆轴零件

任务分析

完成该零件的数控加工需要以下步骤：

1) 拟订该椭圆轴零件的加工工艺。

2) 该零件加工表面由端面、外圆柱面、外圆弧面、外椭圆面、外双曲面、内圆柱面和内抛物面组成。正确使用 G00、G01、G02、G03、G90 指令及宏程序编制工件轮廓加工程序。

3) 输入程序并检验、单步执行、空运行、锁住完成零件模拟加工；装夹工件毛坯；选择、安装和调整数控车床外圆车刀、尖角刀、钻头及内孔镗刀；进行 X、Z 向对刀，设定工件坐标系；选择自动工作方式，按程序进行自动加工，完成零件外圆柱面、外圆弧面、外双曲面、外椭圆面、内圆柱面和内抛物面等的切削加工。

4）检测已加工零件，分析零件加工质量，对不足之处提出改进意见。

案例体验

【例 5-5】 编制车削图 5-14 所示复杂曲面轴零件的宏程序，零件毛坯为 $\phi45$mm 铝棒。

（1）零件工艺分析

1）选择夹具：选择通用夹具——自定心卡盘。

2）选择刀具：选择 93°外圆车刀车端面、外圆柱面、椭圆面及抛物面。

3）选择量具：外径、长度使用外径千分尺、游标卡尺测量，椭圆面、圆弧面使用模板测量。

4）选择切削用量

外圆表面粗加工：主轴转速为 500r/min，背吃刀量为 1mm，进给速度为 0.2mm/r。

外圆表面精加工：主轴转速为 1000r/min，背吃刀量为 0.3mm，进给速度为 0.1mm/r。

复杂曲面轴零件数控加工工序卡见表 5-19。

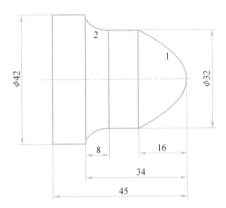

曲线 1：抛物线 $Z = -\dfrac{X^2}{16}$ 曲线 2：椭圆 $\dfrac{X^2}{4^2} + \dfrac{Z^2}{8^2} = 1$

图 5-14 复杂曲面轴零件

表 5-19 复杂曲面轴零件数控加工工序卡

工序号	工序内容	刀具名称	主轴转速 /(r/min)	进给量 /(mm/r)	背吃刀量 /mm	检测工具
1	粗车各外圆	外圆车刀	500	0.2	1	游标卡尺
2	粗车外椭圆面	外圆车刀	500	0.2	1	椭圆模板
3	粗车抛物线面	外圆车刀	300	0.2	1	抛物线模板
4	精车各外圆	外圆车刀	1000	0.1	0.3	外径千分尺曲线线模板

（2）参考程序 加工外圆柱面、椭圆面及抛物面的主程序见表 5-20，加工抛物面子程序见表 5-21，加工椭圆面子程序见表 5-22。

表 5-20 复杂曲面轴零件精加工主程序

程序内容	动作说明
O0531;	程序名
N10 G21 G40 G99;	米制输入，取消刀补，每转进给
N20 T0101 M03 S1000;	选外圆车刀
N30 G00 X45 Z2;	
N40 X0;	

（续）

程 序 内 容	动 作 说 明
N50 G01 Z0 F0.1;	切削起点
N60 G65 P0901 A0 B0 C0.1;	调用抛物面子程序,抛物面切削起点(0,0),Z向步距0.1mm
N70 G01 X32 Z-16 F0.1;	圆柱面起点
N80 Z-26;	
N90 G65 P0902 A90 B0.2;	调用椭圆面子程序,椭圆面切削起点角度,角度加工步距0.2°
N100 G01 X42 Z-34 F0.1;	切削圆柱面起点
N110 Z-45;	
N120 G00 X100Z100;	回换刀点
N130 M05;	主轴停转
N140 M30;	程序结束且复位

表 5-21　抛物面精加工子程序

程 序 内 容	动 作 说 明
O0901;	抛物线子程序名
N10 #1 = 2 * SQRT[-16 * #2];	求任意点2X(直径)值
N20 G01 X[#1] Z[#2] F0.1;	插补加工抛物线
N30 #2 = #2-#3;	变换动点、步距0.1mm
N40 IF[#2 GE-16] GOTO 10;	终点判别循环切削
N50 M99;	子程序结束

表 5-22　椭圆面精加工子程序

程 序 内 容	动 作 说 明
O0902;	椭圆子程序名
N10 WHILE[#1 LE 180] DO1;	终点判别循环切削
N20 #3 = 2 * 4 * SIN [#1];	求任意点2X(直径)值
N30 #4 = 8 * COS[#1];	求任意点Z值
N40 G01 X[40-#3]Z[#4-26]F0.1;	插补加工椭圆
N50 #1 = #1+#2;	变换动点、步距0.2°
N60 END1;	
N70 M99;	子程序结束

由抛物线方程 $Z = -\dfrac{X^2}{16}$ ，得 $X = \sqrt{-16Z}$ 。由复杂曲面轴零件图及椭圆标准方程：$\dfrac{X^2}{4^2} + \dfrac{Z^2}{8^2} = 1$，得椭圆的参数方程：$X = 2 \times 4\sin\phi$，$Z = 8\cos\phi$，本例中 ϕ 取值为 $90° \sim 180°$。

 相关知识

在一般的程序中，程序字为常量，故只能描述固定的几何形状，缺乏灵活性和实用性。宏程序则利用变量编程，用户利用数控系统提供的变量、算术运算功能、逻辑判断功能、程序循环功能等，可实现一些特殊的用法，从而可以自己扩展数控系统的功能。

宏指令既可以在主程序中使用，也可当作子程序来调用。图 5-15 所示为宏程序作为子程序调用示意图，使用时，加工程序可用一条简单指令调出用户宏程序，和调用子程序完全一样。图 5-16 所示为宏指令在主程序中使用的示意图。

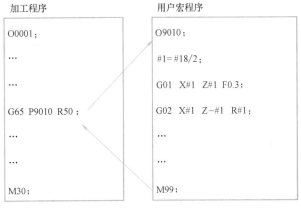

图 5-15 宏程序作为子程序调用示意图

图 5-16 宏指令在主程序中使用的示意图

宏程序分为 A 类和 B 类，使用 FANUC-0i 数控系统的数控机床常用 B 类宏程序，本书主要介绍 B 类宏程序。

1. 宏程序的变量

（1）变量的表示 用一个可赋值的代号代替具体的坐标值，这个代号就称为变量。变量可以用变量符号"#"和后面的变量序号指定，即#i（$i=1$，2，3，…），如 #1、#100 等。也可以用表达式指定变量号，此时表达式必须封闭在括号中，即#[（表达式）]，如#[#50]、#[#1+#2-12] 等。

在地址号后可以使用变量。如#9 = 0.2，则 F#9 表示 F0.2；如#26 = 10，则 Z#26 表示 Z10；如#13 = 3，则 G#13 表示 G03；如#5 = 8，则 M#5 表示 M09。

（2）变量的种类 变量根据变量号可以分成四种类型：空变量、局部变量、公共变量和系统变量，见表 5-23，它们的性质和用途各不相同。

表 5-23 变量的类型

变量号	变量类型	功 能
#0	空变量	该变量总为空，没有值能赋给该变量
#1~#33	局部变量	局部变量只能用在宏程序中存储数据，如运算结果。当系统断电时，局部变量被初始化为空。调用宏程序时，自变量对局部变量赋值。局部变量只在同层有效
#100~#199 #500~#999	公共变量	公共变量在不同的宏程序中的意义相同。当系统断电时，变量#100~#199 初始化为空，变量#500~#999 的数据保存，即使断电也不丢失
#1000~	系统变量	系统变量用于读和写系统运行时的各种数据，如刀具的当前位置和补偿值

1) 空变量。当变量值未定义时，该变量成为"空"变量。变量#0 总是空变量，它不能写，只能读，当引用一个未定义的变量时，地址本身也被忽略，见表 5-24。

表 5-24　空变量示意表

当#1 = <空>	当#1 = #0	当#1 = 0
G90X100Y#1	G90X100Y#1	G90X100Y#1
↓	↓	↓
G90X100	G90X100	G90X100Y0

2) 局部变量：指局限于在用户宏程序内使用的变量。同一个局部变量在不同的宏程序内的值是不通用的。

例如，当宏程序 A 调用宏程序 B，而且都有#1 变量时，因为它们在不同的局部，所以宏程序 A 中的#1 和宏程序 B 中的#1 不是同一个变量。FANUC 系统有 33 个局部变量，分别为#1~#33。FANUC 系统局部变量赋值（部分）对照表见表 5-25。

表 5-25　FANUC 系统局部变量赋值（部分）对照表

地址	变量号	地址	变量号	地址	变量号
A	#1	I	#4	T	#20
B	#2	J	#5	U	#21
C	#3	K	#6	V	#22
D	#7	M	#13	W	#23
E	#8	Q	#17	X	#24
F	#9	R	#18	Y	#25
H	#11	S	#19	Z	#26

3) 公共变量：指在主程序内和由主程序调用的各用户宏程序内公用的变量。FANUC 中共有 60 个公共变量，它们分两组，一组是#100~#149；另一组是#500~#509。

例如，当宏程序 A 调用宏程序 B 而且都有#100 变量时，因为#100 为公共变量，所以宏程序 A 中的#100 和宏程序 B 中的#100 是同一个变量。

4) 系统变量：指固定用途的变量，它的值决定了系统的状态。系统变量是自动控制和通用加工程序开发的基础。它可用于定义工件刀具补偿值、宏程序报警、自动运行控制及坐标系补偿值等。宏程序能够对机床内部变量进行读取和赋值，从而完成复杂任务，部分系统变量功能见表 5-26。

表 5-26　部分系统变量功能

功能	变量号	备注
接口信号	#1000~#1015,#1032 #1100~#1115,#1132 ,#1133	是可编程机床控制器（PMC）和用户宏程序之间交换的信号
刀具补偿值	#2001~#2032,#2701~#2732 #2101~#2132,#2801~#2832 #2201~#2232,#2901~#2932	X 轴补偿值（磨耗、几何形状） Z 轴补偿值（磨耗、几何形状） 刀尖半径补偿值（磨耗、几何形状）
宏程序报警	#3000	当变量#3000 的值为 0~200 时,CNC 停止运行且报警
时间信息	#3001,#3002,#3011,#3012	时间信息可以被读和写
自动运行控制	#3003,#3004	改变自动运行的控制状态
当前位置	#5001~#5105	读取各种位置信息（不能写）

例如：#2703 表示 3 号刀具 X 方向的几何形状刀补值，而#2803 表示 3 号刀具 Z 方向的几何形状刀补值。#3000 = 1（TOOL NOT FOUND）表示报警，屏幕上显示"3001（TOOL NOT FOUND）"。#3003 = 0 表示自动运行时单段执行有效，而#3003 = 1 表示自动运行时单段执行无效，等待辅助功能的完成。

（3）变量的运算和函数　用户宏程序中的变量可以进行算术和逻辑运算，表 5-27 和表 5-28 中列出的运算即可在变量中执行。运算符右边的表达式可包含常量和由函数或运算符组成的变量（表达式中的变量#j 和#k 可以用常数赋值），左边的变量也可以用表达式赋值。

表 5-27　算术和逻辑运算

功　能	格　式	备　注
定义	#I = #J	
加 减 乘 除	#I = #J + #K; #I = #J - #K; #I = #J * #K; #I = #J/#K;	
正弦 反正弦 余弦 反余弦 正切 反正切	#i = SIN[#j]; #i = ASIN[#j]; #i = COS[#j]; #i = ACOS[#j]; #i = TAN[#j]; #i = ATAN[#j];	角度以度指定 90°30′表示为 90.5°
平方根 绝对值 舍入 上取整 下取整 自然对数 指数函数	#i = SQRT[#j]; #i = ABS[#j]; #i = ROUN[#j]; #i = FIX[#j]; #i = FUP[#j]; #i = LN[#j]; #i = EXP[#j];	
或 异或 与	#i = #jOR#k; #i = #XOR#k; #i = #jAND#k;	逻辑运算逐位地按二进制数执行
从 BCD 转为 BIN 从 BIN 转为 BCD	#i = BIN[#j]; #i = BCD[#j];	用于与 PMC 的信号交换

表 5-28　运算符

功　能	格　式	备　注
等于	EQ	=
不等于	NE	≠
大于	GT	>
小于	LT	<
大于或者等于	GE	≥
小于或者等于	LE	≤

（4）变量值的显示　变量值的显示如图 5-17 所示。当变量值是空白时，变量是空。符

号 * * * * * * * * 表示溢出（当变量的绝对值大于 99999999 时）或下溢（当变量的绝对值小于 0.0000001 时）。

（5）变量的赋值

1）变量值的范围。局部变量和公共变量可以有 0 值或如下范围中的值：-10^{47} ~ -10^{-29} 或 10^{-29} ~ 10^{47}，如果计算结果超出有效范围，则系统发出 P/S 报警 No.111。

2）小数点的省略。当在程序中定义变量值时，小数点可以省略。例如，当定义 #1 = 123，变量 #1 的实际值是 123.000。

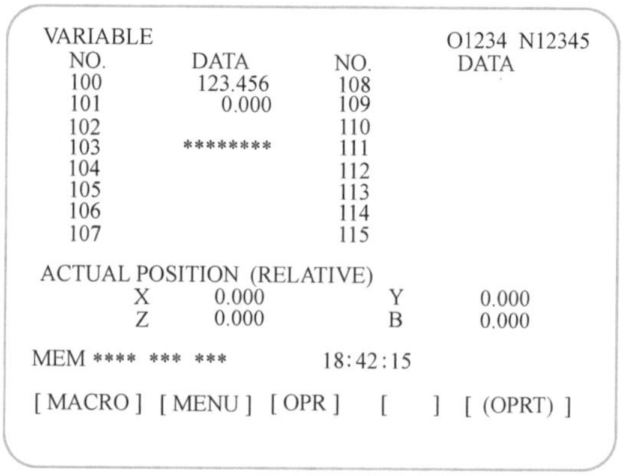

```
VARIABLE
NO.         DATA          NO.    O1234 N12345
100         123.456       108        DATA
101         0.000         109
102                       110
103         ********      111
104                       112
105                       113
106                       114
107                       115

ACTUAL POSITION (RELATIVE)
        X      0.000       Y      0.000
        Z      0.000       B      0.000

MEM **** *** ***            18:42:15

[MACRO] [MENU] [OPR]  [    ] [ (OPRT) ]
```

图 5-17　变量值的显示

3）变量的引用。可以用变量指定紧接地址之后的数值。当用表达式指定变量时，要把表达式放在括号中。例如，G01 X[#1+#2] F#3；，被引用变量的值根据地址的最小设定单位自动地舍入。例如，G00 X[#1]；，以 1/1000mm 的单位执行时，CNC 把 12.3456 赋值给变量 #1，实际指令值为 G00 X12.3456；。改变引用的变量值的符号，要把负号"-"放在 # 的前面，例如，G00 X[-#1]。

4）限制。程序号、顺序号和任选程序段跳转号不能使用变量。例如，O#1；、/#2G00 X100；、N#3 Z200；等语句都不可使用。

变量的赋值方式可分为直接赋值和引数赋值两种。

1）直接赋值。# = 数值（或表达式）。特别注意符号左边不能用表达式。例如，#2 = 116（表示将数值 116 赋值予 #2 变量），#103 = #2（表示将变量 #2 的即时值赋予变量 #103）。

如椭圆的方程为：$\dfrac{X^2}{50^2} + \dfrac{Z^2}{80^2} = 1$（X 值为半径值），则数控车床编程时直径 X 值为 $X = \dfrac{2a}{b}\sqrt{b^2 - Z^2} = \dfrac{5}{4}\sqrt{6400 - Z \times Z}$，Z 赋值 #1，则 X 赋值 #2 = 5/4×SQRT[6400-#1×#1]，此时把算式内计算的结果赋给 X 变量。

2）引数赋值。宏程序以子程序方式出现时，所用的变量可在宏调用时赋值。例如，G65 P0912 A50 B80 F0.2；，其中 A、B、F 对应于宏程序中的变量号，变量的具体数值由引数后的数值决定。引数与宏程序中变量的对应关系见表 5-25，即 #1 = 50，#2 = 80，#9 = 0.2。

2. 用户宏程序语句

在程序中使用 GOTO 语句和 IF 语句可以改变控制的流向。有下面三种格式可以实现转移和循环操作。

（1）无条件转移（GOTO 语句）　该语句转移到标有程序段号 n 的程序段。当指定 1 ~ 99999 以外的顺序号时，出现 P/S 报警，可用表达式指定程序段号。其语句格式为：

GOTO n；n 为程序段号（1 ~ 99999）

（2）条件转移（IF 语句）　条件转移语句中，IF 之后指定条件表达式，可有如下两种表达方式：

1）IF[〈条件表达式〉]GOTO n。如果指定的条件表达式满足，则转移到标有程序段号 n 的程序段；如果指定的条件表达式不满足，则执行下个程序段。

如图 5-18 所示，如果变量#1 的值大于 10，则转移到程序段号为 N2 的程序段执行；如果#1 的值小于或等于 10，则顺序执行程序段。

2）IF[〈条件表达式〉]THEN。如果条件表达式满足，则执行预先决定的宏程序语句，只执行一个宏程序语句。

例如，IF[#1EQ#2]THEN#3 = 0;，语句表示如果#1 和#2 的值相同，0 赋给#3。

图 5-18　IF GOTO*n* 条件转移语句示意图

【例 5-6】　用 IF[〈条件表达式〉]GOTO*n*；语句编程计算数值 1～10 的总和。

用 IF[〈条件表达式〉]GOTO*n*；语句编程参考见表 5-29。

表 5-29　计算数值 1～10 的总和参考程序

程 序 内 容	动 作 说 明
N10 #1 = 0 ;	存储和变量的初值
N20 #2 = 1 ;	加数变量的初值
N30 IF [#2 GT 10] GOTO70 ;	当加数大于 10 时，转移到程序段 N70
N40 #1 = #1+#2 ;	计算和
N50 #2 = #2+1 ;	下一个加数
N60 GOTO30 ;	
N70 M30 ;	程序结束且复位

3）循环（WHILE 语句）。用 WHILE 引导的循环语句，在其后指定一个条件表达式，当指定条件满足时，执行从 DO 和 END 之间的程序，否则转到 END 后的程序段。

程序格式：WHILE［条件表达式］DO *m*（*m*：1，2，3）;

　　　　　…………

　　　　END　*m*；

上述"WHILE………END　*m*"程序含意为：条件表达式满足时，执行程序段 DO *m*～END *m*；条件表达式不满足时，程序转到 END *m* 后处执行。如图 5-19 所示，当变量#1 的值大于 10 时，执行程序段 DO 1～END 1 之间的内容；如果条变量#1 的值小于或等于 10，则程序转到 END 1 后执行。

注意：WHILE DO *m* 和 END*m* 必须成对使用。

DO 语句允许有 3 层嵌套，正确用法如图 5-20 所示。DO 语句范围不允许交叉，错误用法如图 5-21 所示。

【例 5-7】　用 WHILE 循环语句编程计算数 1～10 的总和。

图 5-19　WHILE 循环语句示意图

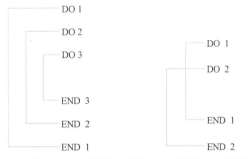

图 5-20　程序嵌套正确用法　图 5-21　程序嵌套错误用法

用 WHILE 循环语句编程参考程序见表 5-30。

表 5-30　计算数 1~10 的总和参考程序

程 序 内 容	动 作 说 明
N10 #1 = 0 ;	存储和数变量的初值
N20 #2 = 1 ;	被加数变量的初值
N30 WHILE[#2 LE 10] DO1;	当被加数≤10 时,执行 DO1 与 END1 之间的程序; 当被加数≤10 不成立时,执行 END1 之后的程序
N40 #1 = #1+#2 ;	计算和数
N50 #2 = #2+1 ;	下一个被加数
N60 END1;	循环末尾符
N70 M30 ;	程序结束

3. 用户宏程序调用

宏程序可以用非模态调用（G65）、模态调用（G66、G67）和 M98 代码来调用。

（1）非模态调用 G65　非模态调用 G65 指令格式：G65 P××××（宏程序号）L（重复次数）<自变量赋值>

其中，G65 为宏程序调用指令；P（宏程序号）为被调用的程序号；L（重复次数）为宏程序重复运行的次数，重复次数为 1 时，可省略不写；自变量赋值为宏程序中使用的变量赋值。在书写时，G65 必须写在自变量赋值之前。

G65 宏程序非模态调用与 M98 代码子程序调用的不同点说明如下：

1）用 G65 可以指定自变量数据传送到宏程序，而 M98 没有该功能，自变量赋值表参考表 5-20。

2）当 M98 程序段包含另一个 NC 指令（例如 G01 X100.0 M98Pp）时，在指令执行之后调用子程序；相反，G65 则无条件地调用宏程序。

3）M98 程序段包含另一个 NC 指令（例如 G01 X 100.0 M98Pp）时，在单程序段方式中机床停止；相反，使用 G65 机床不停止。

4）用 G65 改变局部变量的级别，用 M98 不改变局部变量的级别。

【例 5-8】　G65 宏程序编程示例，主程序见表 5-31，子程序见表 5-32。

表 5-31　G65 宏程序调用主程序编程示例

程 序 内 容	动 作 说 明
N10 …	
N20 G65 P0903 L2 A1 B2;	调用 O0903 子程序两次,#1 赋值 1,#2 赋值 2
N30 …	
N40 M30 ;	程序结束

表 5-32　G65 宏程序调用子程序编程示例

程 序 内 容	动 作 说 明
O0903;	子程序名
N10 #3 = #1+#2 ;	
N20 IF [#3 GT 360] GOTO 40;	
N30 G00 G91 X#3;	
N40 M99;	子程序结束

【例 5-9】　G65 宏程序编程加工椭圆表面示例。已知椭圆轮廓轴零件（图 5-22）其余表面已加工。

图 5-22 所示椭圆的一般方程为 $\dfrac{X^2}{a^2}+\dfrac{Z^2}{b^2}=1$（$X$ 值为半径值），其中 $a=30$，$b=40$，X 关于 Z 值的关系式为 $X=\dfrac{a}{b}\sqrt{b^2-Z^2}$，$Z$ 关于 X 值的关系式为 $Z=\dfrac{b}{a}\sqrt{a^2-X^2}$。

粗加工零件椭圆表面，采用在 X 向分层切削，每次切削 2mm，用 G90 单一循环指令。精加工零件椭圆表面，采用直线逼近（也叫拟合），在 Z 向分段，以 0.1mm 为一个步距，并把 Z 作为自变量。为了适应不同的椭圆（即不同的长短轴）、不同的起始点和不同的步距，可以编制一个只用变量、不用具体数据的宏程序，然后在主程序中调用该宏程序的用户宏指令段为上述变量赋值。对于不同的椭圆、不同的起始点和不同的步距，不必更改宏程序，而只要修改主程序中用户宏指令段内的赋值数据就可以了。

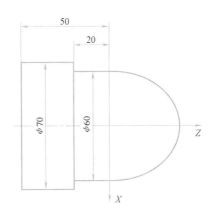

椭圆方程：$\dfrac{X^2}{30^2}+\dfrac{Z^2}{40^2}=1$

图 5-22　椭圆轮廓轴零件

椭圆轮廓轴零件加工参考主程序见表 5-33，粗加工椭圆轮廓，参考宏程序见表 5-34，精加工椭圆轮廓参考宏程序见表 5-35。

表 5-33　椭圆轮廓轴参考主程序

程　序　内　容	动　作　说　明
O0532;	程序名
N10 G21 G40 G99;	米制输入,取消刀补,每转进给
N20 T0101 M03 S800;	选外圆车刀
N30 G00 X66 Z42;	
N40 G65 P0904 A30 B40 U2 F0.2;	调用宏程序,局部变量赋值:#1 = 30;#3 = 40;#21 = 2;#9 = 0.2;
N50 G00 X0;	
N60 G01 Z0 F0.1;	
N70 G65 P0905 A30 B40 W0.1 F0.1;	调用宏程序,局部变量赋值:#1 = 30;#3 = 40;#23 = 0.1;#9 = 0.1;
N80 G00 X100 Z100;	回换刀点
N90 M05;	主轴停转
N100 M30;	程序结束且复位

表 5-34　椭圆轮廓粗加工参考宏程序

程　序　内　容	动　作　说　明
O0904;	子程序名
N10 #3 = #1;	椭圆粗加工 X 方向起始值
N20 #4 = [#2/#1] * SQRT[#1 * #1-#3 * #3];	求任意点 Z 值
N30 G90 X[#3+#3] Z[#4] F[#9];	分层粗加工椭圆轮廓
N40 #3 = #3-#21;	粗加工步距 2mm
N50 IF[#2 GT0] GOTO 20;	终点判别循环切削
N60 M99;	子程序结束

表 5-35 椭圆轮廓精加工参考宏程序

程 序 内 容	动 作 说 明
O0905;	子程序名
N10 #4＝#2;	椭圆粗加工 Z 方向起始值
N20 #3＝[#1/#2]＊SQRT[#2＊#2-#4＊#4];	求任意点 X 值
N30 G01 X[#3+#3]Z[#4]F[#9];	插补加工椭圆
N40 #4＝#4-#23;	变换动点,步距 0.1mm
N50 IF[#4 GT 0]GOTO 20;	终点判别循环切削
N60 M99;	子程序结束

（2）模态调用 模态调用功能近似固定循环的续效作用，在调用宏程序的语句以后，每执行一次移动指令就调用一次宏程序。

指令格式：G66 P××××（宏程序号）L（重复次数）<自变量赋值>；

G67；取消宏程序模态调用方式。在书写时，G66 必须写在自变量赋值之前。

在使用 G66 指令模态调用时，有如下限制：

1）在 G66 程序段中不能调用多个宏程序。

2）G66 必须在自变量之前指定。

3）在只有辅助功能但无移动指令的程序段中不能调用宏程序。

4）局部变量（自变量）只能在 G66 程序段中指定，每次执行模态调用时不再设定局部变量。

【例 5-10】 G66 宏程序钻孔编程示例，参考主程序见表 5-36，参考子程序见表 5-37。

表 5-36 G66 宏程序调用参考主程序

程 序 内 容	动 作 说 明
N10 …	
N20 G66 P9011 A1 B8;	调用 O9011 子程序,#1 赋值 1,#2 赋值 8
N30 G00 G90 X100;	在 X100 处钻孔
N40 Y200;	在 Y200 处钻孔
N50 X150 Y300;	在 X150 Y300 处钻孔
N60 G67;	取消钻孔
N70 …	
N80 M30 ;	程序结束且复位

表 5-37 G66 宏程序调用参考子程序

程 序 内 容	动 作 说 明
O9011;	子程序名
N10 G00 Z[#1];	快速移到 Z1 处
N20 G01 Z[-#2] F0.2;	钻孔,孔深 8mm
N30 G00 Z[#1];	抬刀
N40 M99 ;	子程序结束

【例5-11】 G66宏程序切槽编程示例，如图5-23所示的轴零件，要求在指定位置切槽。

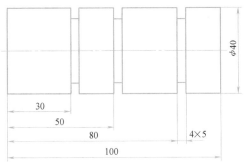

图5-23 轴零件

轴零件切槽参考主程序见表5-38，参考子程序见表5-39。

表5-38 轴零件切槽参考主程序

程 序 内 容	动 作 说 明
O0533；	
N10 G21 G40 G99；	米制输入，取消刀补，每转进给
N20 T0101 M03 S1000；	选外圆刀粗车
N30 G00 X45 Z2；	切削起点
N40 G66 P0906 U5 F0.2；	调用O0906子程序， #21赋值5，#9赋值0.2
N50 Z-20；	在Z-20处切槽
N60 Z-50；	在Z-50处切槽
N70 Z-70；	在Z-70处切槽
N80 G67；	取消钻孔
N90 G00 X100 Z100；	回换刀点
N100 M05；	主轴停转
N110 M30；	程序结束且复位

表5-39 轴零件切槽参考子程序

程 序 内 容	动 作 说 明
O0906；	子程序名
N10 G01 U[-#21] F[#9]；	切槽，槽深5mm，进给率0.2mm/r
N20 G00 U[#21]；	抬刀
N30 M99；	子程序结束

任务实施

1. 零件工艺分析

1）椭圆轴零件包括外圆柱面、外圆弧面、外双曲面沟槽、外椭圆面和内抛物面等表面。零件材料为$\phi50mm \times 68mm$铝棒，无热处理和硬度要求。

2）确定装夹方案、定位基准、加工起点和换刀点。由于毛坯为棒料，用自定心卡盘夹紧定位。为了加工路径清晰，加工起点和换刀点可以设为同一点，放在 Z 向距工件前端面 100mm，X 向距中心线 100mm 的位置。

3）选择刀具：选择93°外圆车刀 T01 车外圆及端面，40°菱形刀 T02 切圆弧槽，93°内孔镗刀镗削内表面。

4）选择量具：使用游标卡尺、外径千分尺、模板等进行测量。

首先粗、精加工左端内、外表面，然后粗、精加工零件右端表面。外圆加工起点和换刀点可以设为同一点，放在 Z 向距工件前端面 100mm，X 向距中心线 100mm 的位置。零件数控加工工序卡见表 5-40。

表 5-40 零件数控加工工序卡

工序号	工序内容	刀具号	刀具名称	主轴转速 /(r/min)	进给量 /(mm/r)	背吃刀量 /mm
1	钻 φ18mm 孔	T04	φ18mm 麻花钻	500	手动	
2	粗车左端外圆	T01	93°右车刀	800	0.2	1
3	精车左端外圆	T01	93°右车刀	1000	0.1	0.3
4	粗切双曲面槽	T02	40°菱形刀	1000	0.1	1
5	精切双曲面槽	T02	40°菱形刀	1000	0.1	0.3
6	粗镗内抛物面	T03	93°内孔镗刀	600	0.1	1
7	精镗内抛物面	T03	93°内孔镗刀	1000	0.1	0.3
8	粗车右端外圆	T01	93°右车刀	800	0.2	1
9	精车右端外圆	T01	93°右车刀	1000	0.1	0.3

2. 参考程序

加工左端外圆表面参考程序见表 5-41，加工双曲面参考子程序见表 5-42，加工左端内表面参考程序见表 5-43，加工内抛物面参考子程序见表 5-44，加工右端外表面参考程序见表 5-45，加工椭圆面参考子程序见表 5-46。

表 5-41 加工左端外圆表面参考程序

程序内容	说　明
O0536;	程序名
N10 G21 G40 G99;	米制输入，取消刀补，每转进给
N20 T0101 M03 S800;	选外圆车刀
N30 G00 X50 Z2;	到达循环加工起始点
N40 G71 U1 R1;	调用粗车循环，粗车外圆表面
N50 G71 P60 Q110 U0.6 W0.1 F0.2;	
N60 G00 X38.5	
N70 G01 Z0 F0.1;	
N80 X42.5 Z-2;	
N90 Z-30;	
N100 G03 X48 W-3 R3;	

（续）

程序内容	说　　明
N110 Z-40;	
N120 G00 X100 Z100;	回换刀点
N130 M05;	主轴停转
N140 M00;	暂停以检测工件
N150 T0101 M03 S1000;	准备精加工
N160 G70 P60 Q110;	调用精车循环,精车外圆表面
N170 G00 X100 Z100;	回换刀点
N180 T0202 M03 S800;	选40°菱形刀加工双曲面
N190 G00 X43 Z-12;	切削双曲面起点
N200 #104=8.5;	X向加工余量
N210 IF［#104 LT 0.6］GOTO 250;	X向精加工余量0.6mm
N220 G65 P0908 C0.2;	调双曲面子程序粗加工,步距0.2mm
N230 #104=#104-2;	每刀X向切削余量2mm
N240 GOTO 210;	返回再切削
N250 #104=0;	精加工后余量为0
N260 T0202 M03 S1000;	准备精加工
N270 G65 P0908 C0.1;	调双曲面子程序精加工,步距0.1mm
N280 G00 X100 Z100;	回换刀点
N290 M05;	主轴停转
N300 M30;	程序结束且复位

表5-42　加工双曲面参考子程序

程序内容	说　　明
O0908;	双曲面子程序名
N10 #1=6;	双曲线坐标原点两侧Z值为6
N20 IF［#1 LT-6］GOTO 70;	循环终点判别
N30 #2=(17/8)*SQRT［64+#1*#1］;	双曲面上X值
N40 G01 X［2*#2+#104］Z［#1-18］F0.1;	插补加工双曲面
N50 #1=#1-#3;	变换动点,步距#3
N60 GOTO 20;	
N70 G00 X43 Z-12;	返回切削双曲面起点
N80 M99;	子程序结束

表5-43　加工左端内表面参考程序

程序内容	说　　明
O0537;	程序名
N10 G21 G40 G99;	米制输入,取消刀补,每转进给

（续）

程序内容	说　　明
N20 T0303 M03 S600;	选内孔镗刀
N30 G00 X17 Z2;	到达循环起点
N40 G90 X20 Z−66 F0.1;	镗削 φ20 内孔
N50 G00 X22 Z1;	准备切削内抛物面
N60 G01 X20 Z0.1 F0.1	切削抛物面起点
N70 #101＝16;	X 向加工余量（36-20）mm
N80 IF［#101 LT 0.6］GOTO 120;	X 向精加工余量 0.6mm
N90 G65 P0909 C0.2;	调抛物面子程序粗加工，步距 0.2mm
N100 #101＝#101−2;	每刀 X 向切削余量 2mm
N110 GOTO 80;	返回再切削
N120 #101＝0;	精加工后余量为 0
N130 T0303 M03 S1000;	准备精加工
N140 G65 P0909 C0.1;	调抛物面子程序精加工，步距 0.1mm
N150 G00 Z100;	退刀
N160 X100;	回换刀点
N170 M05;	主轴停转
N180 M30;	程序结束且复位

表 5-44　加工内抛物面参考子程序

程序内容	说　　明
O0909;	抛物面子程序名
N10 #1＝0;	孔口端面 Z 值
N20 IF［#1 LT−12.5］GOTO 80;	循环终点判别
N30 #2＝18＊［18+#1］	
N40 #4＝2＊SQRT［18＊#2］;	抛物面上 X 值
N50 G01 X［2＊#4−#101］　Z［#1］F0.1;	插补加工抛物面
N60 #1＝#1−#3;	变换动点，步距#3
N70 GOTO 20;	
N80 G00 Z0.1;	退出内孔表面
N90 X20;	返回切削抛物面起点
N100 M99;	子程序结束

表 5-45　加工右端外表面参考程序

程序内容	说　　明
O0538;	程序名
N10 G21 G40 G99;	米制输入，取消刀补，每转进给
N20 T0101 M03 S800;	选 93°外圆车刀

（续）

程 序 内 容	说　　明
N30 G00 X50 Z1；	到达循环起点
N40 G71 U1 R1；	调用粗车循环，粗车外圆表面
N50 G71 P60 Q100 U0.6 W0.1 F0.2；	
N60 G00 X44；	
N70 G01 Z0 F0.1；	
N80 Z-25；	
N90 G02 X48 W-2.5 R2.5；	
N100 U1；	
N110 G00 X100 Z100；	回换刀点
N120 M05；	主轴停转
N130 M00；	暂停以检测工件
N140 T0101 M03 S1000；	准备精加工
N150 G70 P60 Q100；	调用精车循环，精车外圆表面
N160 G00 X100 Z100；	回换刀点
N170 T0101 M03 S800；	选93°外圆车刀加工椭圆面
N180 G00 X30.79 Z0.1；	切削椭圆面起点
N190 #104=4；	X向加工余量
N200 IF［#104 LT 0.6］GOTO 240；	X向精加工余量0.6mm
N210 G65 P0910 A22 B35 W0.2 F0.2；	调椭圆面子程序粗加工，步距0.2mm，进给率0.2mm/r
N220 #104=#104-2；	每刀X向切削余量2mm
N230 GOTO 200；	返回再切削
N240 #104=0；	精加工后余量为0
N250 T0202 M03 S1000；	准备精加工
N260 G65 P0910 A22 B35 W0.1 F0.1；	调椭圆面子程序精加工，步距0.1mm，进给率0.1mm/r
N270 G00 X100 Z100；	回换刀点
N280 M05；	主轴停转
N290 M30；	程序结束且复位

表5-46 加工椭圆面参考子程序

程 序 内 容	动 作 说 明
O0910；	椭圆面子程序名
N10 #4=25；	椭圆粗加工Z方向起点
N20 #3=［#1/#2］*SQRT［#2*#2-#4*#4］；	求任意点X值
N30 G01 X［#3+#3+#104］Z［#4-25］F［#9］；	插补加工椭圆

（续）

程 序 内 容	动 作 说 明
N40 #4 = #4－#23；	变换动点，步距#23
N50 IF［#4 GE 0］GOTO 20；	终点判别循环切削
N60 M99；	子程序结束

3. 零件检测与评分

零件加工完成后，按图样要求检测工件，对工件进行误差与质量分析，评价标准见表5-47。

表 5-47　零件检测与评价标准

班级			姓名		学号	
任务名称			椭圆轴的编程与加工		零件图号	图5-13
基本检查	编程	序号	检测内容	配分	学生自评	教师评分
基本检查	编程	1	加工工艺路线制订正确	5		
基本检查	编程	2	切削用量选择合理	5		
基本检查	编程	3	程序正确	5		
基本检查	操作	4	设备操作、维护保养正确	5		
基本检查	操作	5	安全、文明生产	5		
基本检查	操作	6	刀具选择、安装正确规范	5		
基本检查	操作	7	工件找正、安装正确规范	5		
工作态度		8	纪律表现	5		
复杂曲线		9	曲线1	8		
复杂曲线		10	曲线2	8		
复杂曲线		11	曲线3	8		
外圆		12	ϕ42.5mm	4		
外圆		13	ϕ48mm	4		
外圆		14	ϕ44mm	4		
外圆		15	ϕ34mm	4		
内孔		16	ϕ20mm	4		
长度		17	12mm，12mm，3mm，2.5mm，27.5mm，30mm，32mm，65mm	8		
圆角		18	R3mm	4		
圆角		19	R2.5mm	4		
综合得分				100		

 任务拓展

完成以下零件的数控加工。车削如图5-24和图5-25所示的复杂成型面零件，试编制其数控程序并加工。已知零件材料为ϕ35mm铝棒。

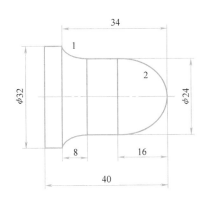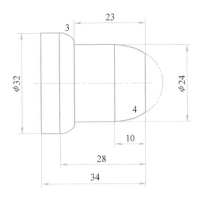

曲线1：椭圆 $\dfrac{X^2}{4^2}+\dfrac{Z^2}{8^2}=1$　　曲线2：椭圆 $\dfrac{X^2}{12^2}+\dfrac{Z^2}{16^2}=1$

曲线3：椭圆 $\dfrac{X^2}{4^2}+\dfrac{Z^2}{5^2}=1$　　曲线4：椭圆 $\dfrac{X^2}{12^2}+\dfrac{Z^2}{16^2}=1$

图 5-24　复杂成型面轴零件一

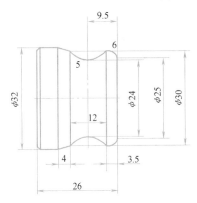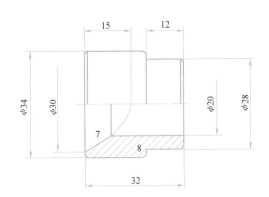

曲线5：双曲线 $\dfrac{X^2}{12^2}-\dfrac{Z^2}{8^2}=1$　　曲线6：椭圆 $\dfrac{X^2}{2.5^2}+\dfrac{Z^2}{3.5^2}=1$

曲线7：抛物线 $Z=\dfrac{X^2}{15}-15$　　曲线8：椭圆 $\dfrac{X^2}{2.5^2}+\dfrac{Z^2}{3^2}=1$

图 5-25　复杂成型面轴零件二

任务4　传动轴的编程与加工

学习目标

1）能编制传动轴零件数控加工工艺。

2）能用宏程序等指令正确编写梯形螺纹加工程序。

3）能完成传动轴零件的自动加工。

4）能通过检测工件来验证工件加工的正确性。

任务布置

试编程加工如图 5-26 所示的传动轴零件，零件毛坯为 $\phi45mm$ 的 45 钢。

任务分析

完成该零件的数控加工需要以下步骤：

1）拟订该传动轴零件的加工工艺。

2）该零件由端面、外圆柱面和外梯形螺纹组成。正确使用 G00、G01、G70、G71 及宏程序等指令编制工件轮廓加工程序。

3）输入程序并检验、单步执行、空运行、锁住完成零件模拟加工；装夹工件毛坯；选择、安装和调整数控车床外圆车刀以及梯形螺纹刀；进行 X、Z 向对刀，设定工件坐标系；选择自动工作方式，按程序进行自动加工，完成零件外圆柱面和外梯形螺纹的切削加工。

4）检测已加工零件，分析零件加工质量，对不足之处提出改进意见。

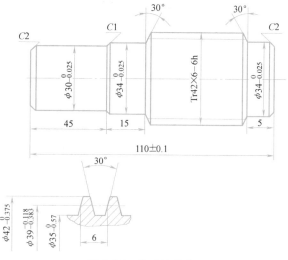

图 5-26　传动轴零件

案例体验

【例 5-12】　加工如图 5-27 所示的梯形螺纹轴零件。已知毛坯为 $\phi45mm$ 的 45 钢。

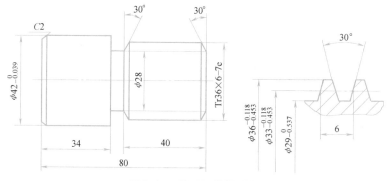

图 5-27　梯形螺纹轴零件

（1）零件工艺分析

1）选择夹具：选择通用夹具——自定心卡盘和后活动顶尖。

2）选择刀具：选择 93°外圆车刀车端面及外圆，宽 4mm 切槽刀切削退刀槽，梯形螺纹车刀车削外梯形螺纹。

3）选择量具：外径、长度使用游标卡尺进行测量，螺纹外径使用三针法测量中径。

4）选择切削用量。

外圆粗加工：主轴转速为 500r/min，背吃刀量为 1mm，进给量为 0.2mm/r。

外圆精加工：主轴转速为 1000r/min，背吃刀量为 0.3mm，进给量为 0.1mm/r。

退刀槽加工：主轴转速为 400r/min，背吃刀量为 1mm，进给量为 0.08mm/r。

外螺纹加工：主轴转速为 400r/min，背吃刀量由数控系统自动计算，进给量为 6mm/r。

数控加工工序卡见表 5-48。

表 5-48 梯形螺纹轴零件数控加工工序卡

工序号	工序内容	刀具号	刀具名称	主轴转速 /(r/min)	进给量 /(mm/r)	背吃刀量 /mm
1	车削左端面	T01	外圆车刀	500	0.2	1
2	粗车左端外圆	T01	外圆车刀	500	0.2	1
3	精车左端外圆	T01	外圆车刀	1000	0.1	0.3
4	车削右端面	T01	外圆车刀	500	0.2	1
5	粗车右端外圆	T01	外圆车刀	500	0.2	1
6	精车右端外圆	T01	外圆车刀	1000	0.1	0.3
7	切退刀槽	T02	切槽刀	400	0.08	1
8	切外梯形螺纹	T03	外梯形螺纹车刀	400	6	

（2）参考程序 零件外圆左端加工参考程序见表 5-49，零件外圆右端加工参考程序见表 5-50。

表 5-49 零件外圆左端加工参考程序

程 序 内 容	动 作 说 明
O0541;	程序名
N10 G21 G40 G99;	米制输入,取消刀补,每转进给
N20 T0101 M03 S500;	选外圆车刀
N30 G00 X45 Z2;	粗车外圆循环起点
N40 G71 U1 R1;	调用粗车循环,粗车外圆
N50 G71 P60 Q100 U0.6 F0.2;	
N60 G00 X0;	
N70 G01 Z0 F0.1;	
N80 X38;	
N90 X42 Z-2;	
N100 Z-40;	
N110 G00 X100 Z100;	回换刀点
N120 M05;	主轴停转
N130 M00;	暂停以检测工件
N140 T0101 M03 S1000;	准备精加工
N150 G00 X45 Z2;	精车外圆循环起点
N160 G70 P60 Q100;	调用精车循环,精车外圆
N170 G00 X100 Z100;	回换刀点
N180 M05;	主轴停转
N190 M30;	程序结束且复位

表 5-50　零件外圆右端加工参考程序

程 序 内 容	动 作 说 明
O0542；	程序名
N10 G21 G40 G99；	米制输入，取消刀补，每转进给
N20 T0101 M03 S500；	选外圆车刀
N30 G00 X45 Z2；	粗车外圆循环点
N40 G71 U1 R1；	调用粗车循环，粗车外圆
N50 G71 P60 Q90 U0.5 F0.2；	
N60 G00 X0；	
N70 G01 Z0 F0.1；	
N80 X35.5	
N90 Z-45；	
N100 G00 X100 Z100；	回换刀点
N110 M05；	主轴停转
N120 M00；	暂停以检测工件
N130 T0101 M03 S1000；	准备精加工
N140 G00 X45 Z2；	精车外圆循环起点
N150 G70 P60 Q90；	调用精车循环，精车外圆
N160 G00 X100 Z100；	回换刀点
N170 T0202 M03 S400；	选切槽刀
N180 G00 X38 Z-46；	到达切槽起始点
N190 G01 X28 F0.08；	切槽
N200 X38；	
N210 Z-44；	
N220 G01 X28 F0.08；	
N230 X38；	
N240 G00 X100；	径向退刀
N250 Z100；	回换刀点
N260 T0303 M03 S400；	选梯形螺纹刀
N270 G00 X40 Z5；	到车削螺纹循环起点
N280 #1=42；	车削螺纹
N290 WHILE［#1 GE 29］DO1；	
N300 G92 X［#1］Z-43 F6；	
N310 G00 Z5.5；	
N320 G92 X［#1］Z-43 F6；	
N330 G00 Z5；	
N340 #1=#1-0.1；	每次切深 0.1mm
N350 END1；	
N360 G00 X100 Z100；	回换刀点
N370 M05；	主轴停转
N380 M30；	程序结束

相关知识

1. 梯形螺纹尺寸计算

梯形螺纹的牙型角为 30°, 其代号用字母"Tr"及公称直径螺距表示, 左旋时需要加注"LH", 如 Tr16×2、Tr40×6LH 等。梯形螺纹牙型角示意图如图 5-28 所示, 梯形螺纹基本要素的名称及计算公式见表 5-51。

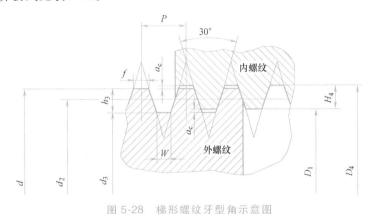

图 5-28　梯形螺纹牙型角示意图

表 5-51　梯形螺纹基本要素的名称及计算公式

名称及代号		计 算 公 式
牙型角 α		$\alpha = 30°$
螺距 P		P/mm　1.5 ~ 5　6 ~ 12　14 ~ 44
牙顶间隙 a_c		a_c/mm　0.25　0.5　1
外螺纹	大径 d	公称直径 d
	中径 d_2	$d_2 = d - 0.5P$
	小径 d_3	$d_3 = d - 2h_3$
	牙高 h_3	$h_3 = 0.5P + a_c$
内螺纹	大径 D_4	$D_4 = d + 2a_c$
	中径 D_2	$D_2 = d_2 = d - 0.5P$
	小径 D_1	$D_1 = d - P$
	牙高 H_4	$H_4 = h_3$
牙顶宽 f、f'		$f = f' = 0.366P$ 或 $f = P - f_1$
牙顶槽宽(牙顶间)f_1		$f_1 = 0.634P$ 或 $f_1 = P - f$
牙根宽 W_1		$W_1 = 0.634P + 0.536a_c$ 或 $W_1 = P - W$
牙槽底宽(牙根间)W、W'		$W = W' = 0.366P - 0.536a_c$ 或 $W = P - W_1$
螺纹升角 $\psi(/\,°)$		$\tan\psi = \dfrac{nP}{\pi d_2}$ (n 为多线螺纹线数)

2. 梯形螺纹的测量

梯形螺纹多应用于传动部件, 因此其精度要求十分高, 所以必须熟悉其测量方法。梯形螺纹的测量主要指中径的测量。

测量中径最常用的是三针测量法，测量时将三根等直径的钢针放在相应的螺旋槽中，如图 5-29 所示，用千分尺测量出两边量针顶点之间的距离 M。然后根据中径和 M 值的关系公式，求出中径。值得注意的是：量针直径如果太大，则量针的横截面与螺纹牙侧不相切，测量就不准确；如果量针直径太小，则量针陷入牙槽中，无法测量。最佳的量针直径为 $d_D = 0.518p$，并使所测中径控制在公差范围内。中径与 M 值及量针直径 d_D 的计算公式为

图 5-29　三针测量法

$$d_2 = M - 4.864 d_D + 1.866 p$$

式中　d_2——中径；

　　　p——螺距。

3. 左右分层切削法加工梯形螺纹

车削时，车刀沿牙型角方向交错间歇进给至牙深处。左右分层切削法实际上是直进法和左右切削法切削螺纹的综合应用。在车削较大螺距的梯形螺纹时，左右分层切削法通常不是一次性就把梯形槽切削出来，而是把牙槽分成若干层，转化成若干个较浅的梯形槽来进行切削，从而降低了车削难度。每一层的切削都采用先直进后左右的车削方法，由于左右切削时槽深不变，刀具只需向左或向右的纵向进给即可。这种方法加工梯形螺纹时同样可避免车刀三面切削，切削效果较好。

4. 编制宏程序加工梯形螺纹

加工梯形螺纹时，程序通过引入宏变量可以使加工时的分层更多，同时又不会让程序变得繁琐，这有利于加工更大牙高的梯形螺纹。

用宏程序方式进行程序编制，将所有的尺寸和相应的数学逻辑关系用变量的形式表示。用变量的运算代替数字的运算，可以简化计算；用条件跳转来自动计算分层和左右切削的次数，可以简化程序。利用宏变量编程可以在加工其他尺寸的梯形螺纹时，不用重新编程和重新计算，只需要改动参数即可加工，在实际生产中可以大大缩短编程和计算工作。加工梯形螺纹时，其宏程序编程流程示意图如图 5-30 所示。

图 5-30　加工梯形螺纹时宏程序编程流程示意图

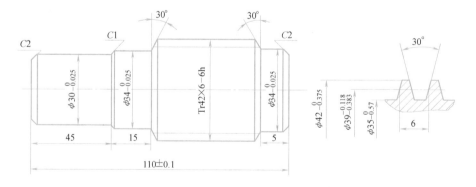

图 5-31　传动轴零件

任务实施

1. 零件工艺分析

1）选择夹具：选择通用夹具——自定心卡盘和后活动顶尖。

2）选择刀具：选择93°外圆车刀车端面及外圆，梯形螺纹车刀车削外梯形螺纹。

3）选择量具：外径、长度使用游标卡尺进行测量，螺纹外径使用三针法测量中径。

4）选择切削用量

外圆粗加工：主轴转速为500r/min，背吃刀量为1mm，进给量为0.2mm/r。

外圆精加工：主轴转速为1000r/min，背吃刀量为0.3mm，进给量为0.1mm/r。

外螺纹加工：主轴转速为400r/min，背吃刀量由数控系统自动计算，进给量为6mm/r。

5）确定数控加工工序　传动轴零件数控加工工序见表5-52。

表 5-52　传动轴零件数控加工工序

工序号	工序内容	刀具号	刀具名称	主轴转速 /（r/min）	进给量 /（mm/r）	背吃刀量 /mm
1	车削左端面	T01	外圆车刀	500	0.2	1
2	粗车左端外圆	T01	外圆车刀	500	0.2	1
3	精车左端外圆	T01	外圆车刀	1000	0.1	0.3
4	车削右端面	T01	外圆车刀	500	0.2	1
5	粗车右端外圆	T01	外圆车刀	500	0.2	1
6	精车右端外圆	T01	外圆车刀	1000	0.1	0.3
7	切外梯形螺纹	T03	外梯形螺纹车刀	400	6	

2. 参考程序

零件左端外圆加工参考程序见表5-53，零件右端外圆加工参考程序见表5-54。

表 5-53　零件左端外圆加工参考程序

程序内容	动作说明
O0543；	程序名
N10 G21 G40 G99；	米制输入，取消刀补，每转进给
N20 T0101 M03 S500；	选外圆车刀
N30 G00 X45 Z2；	粗车外圆循环起点
N40 G71 U1 R1；	调用粗车循环，粗车外圆表面
N50 G71 P60 Q130 U0.6 F0.2；	
N60 G00 X0；	
N70 G01 Z0 F0.1；	
N80 X26；	
N90 X30 Z-2 ；	
N100 Z-45；	
N110 X32；	
N120 X34 Z-46；	
N130 Z-60；	
N140 G00 X100 Z100；	回换刀点
N150 M05；	主轴停转
N160 M00；	暂停以检测工件
N170 T0101 M03 S1000；	准备精加工
N180 G00 X45 Z2；	精车外圆循环起点
N190 G70 P60 Q130；	调用精车循环，精车外圆表面
N200 G00 X100 Z100；	回换刀点
N210 M05；	主轴停转
N220 M30；	程序结束且复位

表 5-54 零件右端外圆加工参考程序

程 序 内 容	动 作 说 明
O0544;	程序名
N10 G21 G40 G99;	米制输入,取消刀补,每转进给
N20 T0101 M03 S500;	选外圆车刀
N30 G00 X45 Z2;	粗车外圆循环起点
N40 G71 U1 R1;	调用粗车循环,粗车外圆表面
N50 G71 P60 Q100 U0.6 F0.2;	
N60 G00 X0;	
N70 G01 Z0 F0.1;	
N80 X30;	
N90 X34 Z-2;	
N100 Z-50;	
N110 G00 X100 Z100;	回换刀点
N120 M05;	主轴停转
N130 M00;	暂停以检测工件
N140 T0101 M03 S1000;	准备精加工
N150 G00 X45 Z2;	精车外圆循环起点
N160 G70 P60 Q100;	调用精车循环,精车外圆表面
N170 G00 X100 Z100;	回换刀点
N180 T0202 M03 S400;	选螺纹刀
N190 G00 X45 Z5;	到车削螺纹循环起点
N200 #1 = 42;	车削螺纹
N210 WHILE [#1 GE 35] DO1;	
N220 G92 X[#1] Z-53 F6;	
N230 G00 Z5.5;	
N240 G92 X[#1] Z-53 F6;	
N250 G00 Z5;	
N260 #1 = #1-0.1;	
N270 END1;	
N280 G00 X100 Z100;	回换刀点
N290 M05;	主轴停转
N300 M30;	程序结束且复位

3. 零件检测与评分

零件加工完成后,按图样要求检测工件,对工件进行质量分析,评价标准见表 5-55。

表 5-55 传动轴零件检测与评价标准

班级			姓名		学号	
任务名称		传动轴零件的编程与加工		零件图号		图 5-26

		序号	检测内容	配分	学生自评	教师评分
基本检查	编程	1	加工工艺路线制订正确	5		
		2	切削用量选择合理	5		
		3	程序正确	5		
	操作	4	设备操作、维护保养正确	5		
		5	安全、文明生产	5		
		6	刀具选择、安装正确规范	5		
		7	工件找正、安装正确规范	5		
工作态度		8	纪律表现	5		
外圆		9	$\phi 30_{-0.025}^{0}$ mm	7		
		10	$\phi 34_{-0.025}^{0}$ mm	7		
		11	$\phi 34_{-0.025}^{0}$ mm	7		
长度		12	（110±0.1）mm	3		
		13	45mm	3		
		14	15mm	3		
		15	5mm	3		
螺纹		16	$Tr42×6-6h$	24		
倒角		17	$C2$mm，两处；$C1$mm，1 处	3×1		
综合得分				100		

项目 6

配合件的制作

任务 1 两个配合零件的编程与加工

 学习目标

1）能运用所学知识正确编制零件内、外表面加工程序。
2）掌握抛物面和内外螺纹的编程方法。
3）掌握车削零件常用量具的使用方法。
4）能完成两个配合零件的编程加工。

 任务布置

试编程加工如图 6-1 所示的两个配合零件，毛坯为 $\phi50mm$ 的长棒料。

 任务分析

完成该配合件的数控加工需要以下步骤：
1）拟订该配合零件的加工工艺。
2）该配合零件表面包括内、外圆柱面，内、外圆锥面，内、外螺纹及抛物面等。正确使用所学编程指令编制加工程序。

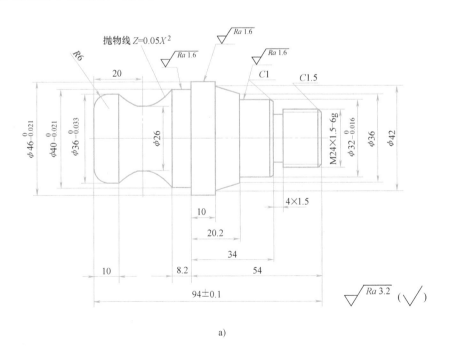

a)

图 6-1 两个零件的零件图和装配图

a）件 1 零件图

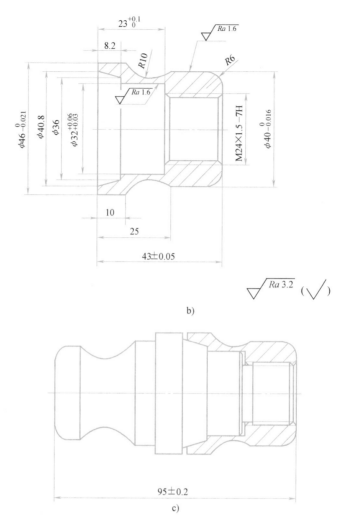

b)

图 6-1 两个零件的零件图和装配图（续）

b）件 2 零件图 c）装配示意图

3）输入程序并检验、单步执行、空运行、锁住完成零件模拟加工；装夹工件毛坯；选择、安装和调整数控车床刀具；进行 X、Z 向对刀，设定工件坐标系；选择自动工作方式，按程序进行自动加工，完成两个配合零件的切削加工。

4）检测已加工零件，分析零件加工质量，对不足之处提出改进意见。

任务实施

1. 零件工艺分析

1）选择夹具：选择通用夹具——自定心卡盘。

2）选择刀具：选择 93°外圆车刀车外圆及端面、切槽刀加工外槽表面、内孔镗刀镗削内表面、外螺纹车刀加工外螺纹、内螺纹镗刀加工内螺纹。

3）选择量具：外径选择外径千分尺、长度选择游标卡尺、螺纹表面选择螺纹环规和螺纹塞规进行检测。

　　4）选择切削用量

　　粗加工：主轴转速为 500r/min，背吃刀量为 2mm，进给量为 0.2mm/r。

　　精加工：主轴转速为 1000r/min，背吃刀量为 0.3mm，进给量为 0.1mm/r。

　　5）两个配合零件数控加工工序卡见表 6-1。

表 6-1　两个配合零件数控加工工序卡

工序号	工序内容	刀号	刀具名称	主轴转速 /(r/min)	进给量 /(mm/r)	背吃刀量 /mm
1	粗车件 2 各外圆	T01	外圆车刀	800	0.2	1
2	精车件 2 各外圆	T01	外圆车刀	1300	0.1	0.5
3	切断	T05	切断刀	500	0.1	
4	粗车件 2 各内孔	T03	内孔镗刀	800	0.2	1
5	精车件 2 各内孔	T03	内孔镗刀	1300	0.1	0.5
6	加工件 2 内螺纹	T04	内螺纹刀	800	1.5	
7	粗车件 1 右端各外圆	T01	外圆车刀	800	0.2	1
8	精车件 1 右端各外圆	T01	外圆车刀	1300	0.1	0.5
9	加工件 1 右端外螺纹	T02	外螺纹刀	800	1.5	
10	粗车件 1 左端各外圆	T01	外圆车刀	800	0.2	1
11	精车件 1 左端各外圆	T01	外圆车刀	1300	0.1	0.5
12	加工件 1 抛物面	T06	尖角刀	800	0.2	1

　　2. 参考程序

　　加工件 2 外圆参考程序见表 6-2，加工件 2 内孔参考程序见表 6-3，加工件 2 内螺纹参考程序见表 6-4，加工件 1 右端外圆参考程序见表 6-5，加工件 1 左端外圆参考程序见表 6-6，加工件 1 左端抛物面参考程序见表 6-7。

表 6-2　加工件 2 外圆参考程序

程 序 内 容	动 作 说 明
O0611;	程序名
N10 G21 G40 G99;	米制输入，取消刀补，每转进给
N20 T0101 M03 S800;	换 01 号 93°外圆车刀
N30 G00 X50 Z2;	刀具到达粗加工起始点
N40 G73 U20 R7;	分层进行粗加工
N50 G73 P60 Q120 U1 W0.1 F0.2;	
N60 G00 X28;	
N70 G01 Z0 F0.1;	
N80 G03 X40 Z-6 R6;	
N90 G01 Z-18;	
N100 G02 X46 W-15 R10;	

（续）

程序内容	动作说明
N110 G01 Z−43;	
N120 G01 U1;	
N130 G00 X100;	回换刀点
N140 Z100;	
N150 M05;	主轴停转
N160 M00;	程序暂停测量并修改磨耗
N170 T0101 M03 S1300;	准备精加工
N180 G00 X50 Z2;	刀具到达循环起始点
N190 G70 P60 Q120;	精加工
N200 G00 X100;	回换刀点
N210 Z100;	
N220 M05;	主轴停转
N230 M30;	程序结束且复位

表 6-3　加工件 2 内孔参考程序

程序内容	动作说明
O0612;	程序名
N10 G21 G40 G99;	米制输入，取消刀补，每转进给
N20 T0303 M03 S800;	换 03 号 9 内孔镗刀
N30 G00 X20 Z2;	刀具到达粗加工起始点
N40 G71 U1 R1;	分层进行粗加工
N50 G71 P60 Q140 U−1 W0.1 F0.2;	
N60 G00 X40.8;	
N70 G01 Z0 F0.1;	
N80 X36 W−8.2;	
N90 X32;	
N100 Z−23;	
N110 X25.5;	
N120 X22.5 W−1.5;	
N130 Z−43;	
N140 G01 U−1;	
N150 G00 X20 Z100;	
N160 M05;	主轴停转
N170 M00;	程序暂停测量并修改磨耗
N180 T0303 M03 S1300;	准备精加工
N190 G00 X20 Z2;	刀具到达循环起始点
N200 G70 P60 Q140;	精加工
N210 G00 Z100;	
N220 X100;	回换刀点
N230 M05;	主轴停转
N240 M30;	程序结束且复位

表 6-4 加工件 2 内螺纹参考程序

程 序 内 容	动 作 说 明
O0613；	程序名
N10 G21 G40 G99；	米制输入,取消刀补,每转进给
N20 T0404 M03 S800；	换 04 号内螺纹车刀
N30 G00 X20 Z2；	刀具到达加工起始点
N40 G92 X22.6 Z-43 F1.5；	分层进行内螺纹加工
N50 X23；	
N60 X23.4；	
N70 X23.8；	
N80 X24；	
N90 G00 X20；	
N100 Z100；	回换刀点
N110 M05；	主轴停转
N120 M30；	程序结束且复位

表 6-5 加工件 1 右端外圆参考程序

程 序 内 容	动 作 说 明
O0614；	程序名
N10 G21 G40 G99；	米制输入,取消刀补,每转进给
N20 T0101 M03 S800；	换 01 号 93°外圆车刀
N30 G00 X50 Z2；	刀具到达粗加工起始点
N40 G71 U1 R1；	分层进行粗加工
N50 G71 P60 Q170 U1 W0.1 F0.2；	
N60 G00 X20.85；	
N70 G01 Z0 F0.1；	
N80 X23.85 W-1.5；	
N90 Z-20；	
N100 X30；	
N110 X32 W-1；	
N120 Z-33.8；	
N130 X36；	
N140 X42 Z-44；	
N150 X44；	
N160 X46 W-1；	
N170 G01 U1；	
N180 G00 X100；	
N190 Z100；	

（续）

程 序 内 容	动 作 说 明
N200 M05；	主轴停转
N210 M00；	程序暂停,测量并修改磨耗
N220 T0101 M03 S1300；	准备精加工
N230 G00 X50 Z2；	到达循环起点
N240 G70 P60 Q170；	精加工
N250 G00 X100；	回换刀点
N260 Z100；	
N270 M05；	主轴停转
N280 T0505 M03 S500；	换切槽刀
N290 G00 X33 Z-20；	
N300 G01 X21 F0.08；	
N310 X33；	
N320 G00 X100 Z100；	刀具到达换刀点
N330 T0202 M03 S800；	换螺纹车刀
N340 G00 X30 Z2；	刀具到达循环点
N350 G92 X23.85 Z-16 F1.5；	分层进行螺纹加工
N360 X23.4；	
N370 X23；	
N380 X22.6；	
N390 X22.2；	
N400 X22.05；	
N410 G00 X100 Z100；	回换刀点
N420 M05；	主轴停转
N430 M30；	程序结束且复位

表 6-6 加工件 1 左端外圆参考程序

程 序 内 容	动 作 说 明
O0615；	程序名
N10 G21 G40 G99；	米制输入,取消刀补,每转进给
N20 T0101 M03 S800；	换 01 号 93°外圆车刀
N30 G00 X50 Z2；	刀具到达粗加工起始点
N40 G71 U1 R1；	分层进行粗加工
N50 G71 P60 Q150 U1 W0.1 F0.2；	
N60 G00 X24；	
N70 G01 Z0 F0.1；	
N80 G03 X36 Z-6 R6；	

（续）

程 序 内 容	动 作 说 明
N90 G01 Z-10;	
N100	
N110 Z-40;	
N120 X44;	
N130 X46 W-1;	
N140 W-10;	
N150 G01 U1;	
N160 G00 X100;	
N170 Z100;	回换刀点
N180 M05;	主轴停转
N190 M00;	程序暂停测量并修改磨耗
N200 T0101M03 S1300;	准备精加工
N210 G00 X50 Z2;	到达循环起点
N220 G70 P60 Q150;	精加工
N230 G00 X100;	回换刀点
N240 Z100;	
N250 M05;	主轴停转
N260 M30;	程序结束且复位

表 6-7　加工件 1 左端抛物面参考程序

程 序 内 容	动 作 说 明
O0616;	程序名
N10 G21 G40 G99;	米制输入,取消刀补,每转进给
N20 T0606 M03 S800;	换尖角刀
N30 G00 X42 Z-10;	刀具到达加工起始点
N40 #1=10;	加工抛物面
N50 WHILE[#1GE-11.8] DO1;	
N60 G01 X[26+2*0.05*#1*#1] Z[#1-20] F0.2;	
N70 #1=#1-0.1;	
N80 END1;	
N90 G00 X100;	
N100 Z100;	回换刀点
N110 M05;	主轴停转
N120 M30;	程序结束且复位

3. 零件检测与评分

零件加工完成后，按图样要求检测工件，对工件进行质量分析，评价标准见表 6-8。

表 6-8　零件检查评分表

① 零件组合配分表(合计:20 分)。

序号	考核内容及要求	评分标准	配分	检测结果	扣分	得分	备注
1	配合长度 95mm±0.2mm	超差 0.3mm 之内按比例扣分,超差 0.6mm 不得分	5				
2	螺纹配合	配合松紧适宜	5				
3	锥度配合	70% 以上得分	5				
4	总装成型		5				
检验员			复核		统分		

② 件 1 检测精度配分表(合计:55 分)。

序号	考核内容及要求	评分标准	配分	检测结果	扣分	得分	备注
1	$\phi 46_{-0.021}^{0} mm, Ra1.6\mu m$	超差 0.01mm 扣 1 分	3				
		降级不得分	1				
2	$\phi 40_{-0.021}^{0} mm, Ra1.6\mu m$	超差 0.01mm 扣 1 分	3				
		降级不得分	1				
3	$\phi 36_{-0.033}^{0} mm, Ra1.6\mu m$	超差 0.01mm 扣 1 分	3				
		降级不得分	1				
4	抛物面, $Ra1.6\mu m$	与检测样板一致得分	5				
		降级不得分	1				
5	M24×1.5-6g	不合格不得分	6				
6	$\phi 32_{-0.016}^{0} mm, Ra1.6\mu m$	超差 0.01mm 扣 1 分	3				
		降一级扣 1 分	1				
7	$\phi 36mm$	不合格不得分	2				
	$\phi 42mm$	不合格不得分	2				
8	94mm±0.1mm	超差不得分	2				
9	10mm	超差不得分	1				
10	8.2mm	超差不得分	1				
11	54mm	超差不得分	1				
12	34mm	超差不得分	1				
13	20.2mm	超差不得分	1				
14	10mm	超差不得分	1				
15	4mm×1.5mm	超差不得分	2				
16	$R6mm$	未完成轮廓加工不得分	2				
17	倒角	不加工不得分	2				2 处
18	$R5mm$、锥面轮廓, $Ra1.6\mu m$	未完成轮廓加工不得分	4				
19	1. 未注尺寸公差等级按照 IT14 2. 其余表面粗糙度 3. 工件必须完整,局部有缺陷扣 1~3 分		5				
检验员			复核		统分		

（续）

③件2检测精度配分表（合计：45分）。

序号	考核内容及要求	评分标准	配分	检测结果	扣分	得分	备注
1	$\phi 46_{-0.021}^{0}$ mm，$Ra1.6\mu$m	超差 0.01mm 扣 1 分	4				
		降级不得分	1				
2	$\phi 40_{-0.016}^{0}$ mm，$Ra1.6\mu$m	超差 0.01mm 扣 1 分	4				
		降级不得分	1				
3	$\phi 32_{+0.03}^{+0.06}$ mm，$Ra1.6\mu$m	超差 0.01mm 扣 1 分	4				
		降级不得分	1				
4	M24×1.5mm—7H	不合格不得分	6				
5	$\phi 40.8$mm	不合格不得分	2				
6	$\phi 36$mm	不合格不得分	2				
7	43mm±0.05mm	超差不得分	2				
8	$23_{0}^{+0.1}$ mm	超差不得分	2				
9	8.2mm	超差不得分	1				
10	25mm	超差不得分	1				
11	10mm	超差不得分	1				
12	螺纹倒角	不加工不得分	2				
13	$R10$mm，$R6$mm	未完成轮廓加工不得分	6				
14	1. 未注尺寸公差等级按照 IT14 2. 其余表面粗糙度 3. 工件必须完整，局部有缺陷扣 1~3 分		5				
	检验员		复核		统分		

任务 2 三个配合零件的编程与加工

学习目标

1）能运用所学知识正确编制零件内、外表面的加工程序。

2）掌握端面槽和内外螺纹的编程方法。

3）掌握车削零件常用量具的使用方法。

4）能完成三个配合零件的编程加工。

任务布置

试编程加工如图 6-2 所示的三个配合零件，毛坯为 $\phi 60$mm 的长棒料和 $\phi 50$mm 的短棒料。

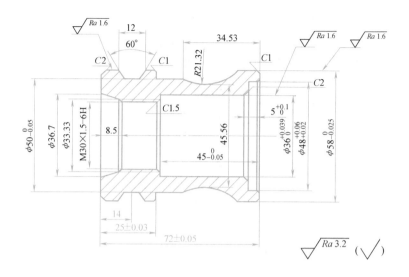

a)

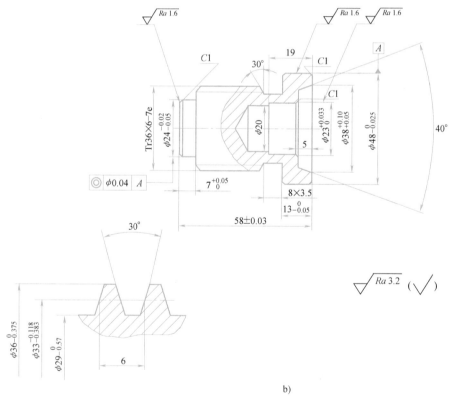

b)

图 6-2　三个配合零件图和装配图

a）件 1 零件图　b）件 2 零件图

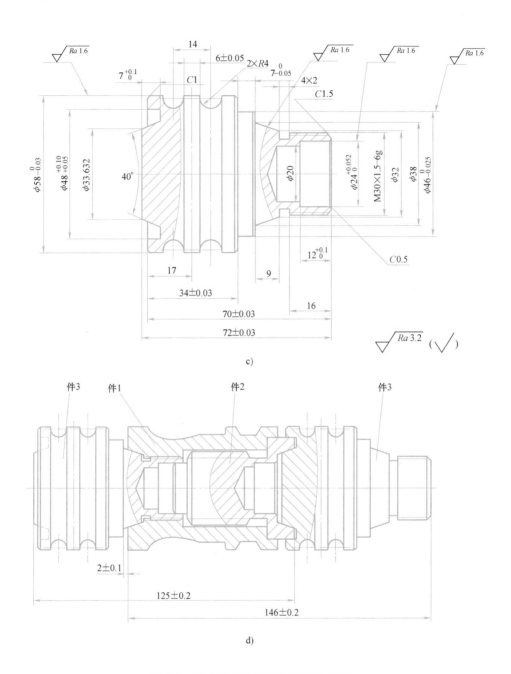

图 6-2　三个配合零件图和装配图（续）

c）件 3 零件图　d）装配图

任务分析

完成该配合件的数控加工需要以下步骤：

1）拟订该配合件的加工工艺。

2）该配合零件表面包括内、外圆柱面，内、外圆锥面，内、外螺纹，端面槽及外圆弧表面等。正确使用所学编程指令编制加工程序。

3）输入程序并检验、单步执行、空运行、锁住完成零件模拟加工；装夹工件毛坯；选择、安装和调整数控车床刀具；进行 X、Z 向对刀，设定工件坐标系；选择自动工作方式，按程序进行自动加工，完成三个配合零件表面的切削加工。

4）检测已加工零件，分析零件加工质量，对不足之处提出改进意见。

任务实施

1. 零件工艺分析

1）选择夹具：选择通用夹具——自定心卡盘。

2）选择刀具：选择93°外圆车刀车外圆及端面、切槽刀加工外槽表面、内孔镗刀镗削内表面、外螺纹车刀加工外螺纹、内螺纹镗刀加工内螺纹。

3）选择量具：外径使用外径千分尺、长度使用游标卡尺、螺纹表面使用螺纹环规和螺纹塞规进行检测。

4）选择切削用量

粗加工：主轴转速为 800r/min，背吃刀量为 1.5mm，进给量为 0.2mm/r。

精加工：主轴转速为 1300r/min，背吃刀量为 0.5mm，进给量为 0.1mm/r。

5）三个配合零件数控加工工序卡见表6-9。

表6-9 三个配合零件数控加工工序卡

工序号	工序内容	刀号	刀具名称	主轴转速 /(r/min)	进给量 /(mm/r)	背吃刀量 /mm
1	粗车件1各外圆	T01	外圆车刀	800	0.2	1.5
2	精车件1各外圆	T01	外圆车刀	1300	0.1	0.5
3	件1外切槽	T03	切槽刀	800	0.1	3
4	粗车件1右端各内孔	T02	内孔车刀	800	0.2	1
5	精车件1右端各内孔	T02	内孔车刀	1300	0.1	0.5
6	切断	T03	切断刀	500		
7	精车件1左端各内孔	T02	内孔车刀	800	0.2	1
8	加工件1内螺纹	T04	内螺纹刀	800	1.5	
9	粗车件3左端外圆	T01	外圆车刀	800	0.2	1
10	精车件3左端外圆	T01	外圆车刀	1300	0.1	0.5
11	加工圆弧	T05	圆弧车刀	800	0.2	2
12	加工件3端面槽	T06	端面槽刀	800	0.2	
13	粗车件3右端外圆	T01	外圆车刀	800	0.2	1
14	精车件3右端外圆	T01	外圆车刀	1300	0.1	0.5
15	加工件3外螺纹	T07	外螺纹刀	800	1.5	
16	粗车件3右端内孔	T02	内孔镗刀	800	0.2	1
17	精车件3右端内孔	T02	内孔镗刀	1300	0.1	0.5
18	粗车件2左端各外圆	T01	外圆车刀	800	0.2	1

（续）

工序号	工序内容	刀号	刀具名称	主轴转速 /(r/min)	进给量 /(mm/r)	背吃刀量 /mm
19	精车件 2 左端各外圆	T01	外圆车刀	1300	0.1	0.5
20	加工件 2 梯形螺纹	T08	梯形螺纹刀	600	6	
21	粗车件 2 右端各外圆	T01	外圆车刀	800	0.2	1
22	精车件 2 右端各外圆	T01	外圆车刀	1300	0.1	0.5
23	粗车件 2 各内孔	T02	内孔镗刀	800	0.2	1
24	精车件 2 各内孔	T02	内孔镗刀	1300	0.1	0.5

2. 参考程序

零件加工参考程序见表 6-10~表 6-22。

表 6-10 加工件 1 外圆参考程序

程 序 内 容	动 作 说 明
O0620;	程序名
N10 G21 G40 G99;	米制输入,取消刀补,每转进给
N20 T0101 M03 S800;	换 01 号 93°外圆车刀
N30 G00 X60 Z2;	刀具到达粗加工起始点
N40 G73 U15 R5;	分层进行粗加工
N50 G73 P60 Q150 U1 W0.1 F0.2;	
N60 G00 X56;	
N70 G01 Z0 F0.1;	
N80 X58 W-1;	
N90 Z-10;	
N100 G02 X50 Z-34.53 R21.32;	
N110 G01 Z-47;	
N120 X56;	
N130 X58 W-1;	
N140 Z-73;	
N150 G01 U1;	
N160 G00 X100 Z100;	回换刀点
N170 M05;	主轴停转
N180 M00;	暂停以检测工件
N190 T0101 M03 S1300;	准备精加工
N200 G00 X50 Z2;	到达循环起点
N210 G70 P60 Q150;	精加工
N220 G00 X100 Z100;	回换刀点
N230 M05;	主轴停转
N240 M30;	程序结束且复位

表 6-11　加工件 1 外槽参考程序

程 序 内 容	动 作 说 明
O0621；	程序名
N10 G21 G40 G99；	米制输入,取消刀补,每转进给
N20 T0303 M03 S800；	换切槽刀
N30 G00 X60 Z-58.31；	刀具到达粗加工起始点
N40 G01 X50.2 F0.1；	
N50 X60；	
N60 Z-61.69；	
N70 X50.2；	
N80 X60；	
N90 Z-52；	
N100 X58；	
N110 X50 Z-58.31；	
N120 G04 X3；	
N130 X60；	
N140 Z-64；	
N150 X58；	
N160 X50 Z-61.69；	
N170 G04 X3；	
N180 G00 X100；	回换刀点
N190 Z100；	
N200 M05；	主轴停转
N210 M30；	程序结束且复位

表 6-12　加工件 1 右端内孔参考程序

程 序 内 容	动 作 说 明
O0622；	程序名
N10 G21 G40 G99；	米制输入,取消刀补,每转进给
N20 T0202 M03 S800；	换内孔车刀
N30 G00 X20 Z2；	刀具到达粗加工起始点
N40 G71 U1 R1；	分层进行粗加工
N50 G71 P60 Q130 U-1 W0.1 F0.2；	
N60 G00 X50；	
N70 G01 Z0 F0.1；	
N80 X48 W-1；	
N90 Z-5；	
N100 X40；	

（续）

程 序 内 容	动 作 说 明
N110 X36 W-2；	
N120 Z-45；	
N122 X30；	
N124 X28.6 Z-46.5；	
N130 G01 U-1；	
N140 G00 X20 Z100；	回换刀点
N150 M05；	主轴停转
N160 M00；	暂停以检测工件
N170 T0202 M03 S1300；	准备精加工
N180 G00 X20 Z2；	到达循环起点
N190 G70 P60 Q130；	精加工
N200 G00 X20 Z100；	退刀
N210 M05；	主轴停转
N220 M30；	程序结束且复位

表 6-13 加工件 1 左端内孔参考程序

程 序 内 容	动 作 说 明
O0623；	程序名
N10 G21 G40 G99；	米制输入,取消刀补,每转进给
N20 T0202 M03 S800；	换内孔车刀
N30 G00 X20 Z2；	刀具到达粗加工起始点
N40 G71 U1 R1；	
N50 G71 P60 Q110 U-1 W0.1 F0.2；	
N60 G00 X36.7；	
N70 G01 Z0 F0.1；	
N80 X33.33 Z-8.5；	
N90 X28.6 W-1.5；	
N100 Z-29；	
N110 G01 U-1；	
N120 G00 X20 Z100；	退刀
N130 M05；	主轴停转
N140 M00；	暂停以检测工件
N150 T0202 M03 S1300；	准备精加工
N160 G00 X20 Z2；	到达循环起点
N170 G70 P60 Q110；	精加工
N180 G00 X20 Z100；	

（续）

程 序 内 容	动 作 说 明
N185 T0404 M03 S800;	换内螺纹刀切内螺纹
N190 G00 X25 Z2;	到达螺纹加工循环起点
N200 G92 X28.8 Z-30 F1.5;	
N210 X29;	
N220 X29.4;	
N230 X29.8;	
N240 X30;	
N250 G00 Z100;	退刀
N260 X100;	
N270 M05;	主轴停转
N280 M30;	程序结束且复位

表 6-14 加工件 3 左端外圆参考程序

程 序 内 容	动 作 说 明
O0624;	程序名
N10 G21 G40 G99;	米制输入,取消刀补,每转进给
N20 T0101 M03 S800;	换 01 号 93°外圆车刀
N30 G00 X60 Z2;	刀具到达粗加工起始点
N40 G71 U1 R1;	分层进行粗加工
N50 G71 P60 Q100 U1 W0.1 F0.2;	
N60 G00 X34;	
N70 G01 Z0 F0.1;	
N72 X36 Z-2;	
N74 X56;	
N80 X58 W-1;	
N90 Z-35;	
N100 U1;	
N110 G00 X100;	
N120 Z100;	回换刀点
N130 M05;	主轴停转
N140 M00;	暂停以检测工件
N150 T0101 M03 S1300;	准备精加工
N160 G00 X60 Z2;	到达循环起点
N170 G70 P60 Q100;	精加工
N180 G00 X100;	
N190 Z100;	回换刀点
N200 M05;	主轴停转
N210 M30;	程序结束且复位

表 6-15　加工件 3 圆弧槽参考程序

程 序 内 容	动 作 说 明
O0625;	程序名
N10 G21 G40 G99;	米制输入,取消刀补,每转进给
N20 T0505 M03 S800;	换圆弧车刀
N30 G00 X60 Z-8;	
N40 G01 X56 F0.2;	
N50 G02 X56 Z-16 R4;	加工第一个凹圆弧
N60 G00 X60;	
N70 Z-22;	
N90 G01 X56 F0.1;	
N100 G02 X56 Z-30 R4;	加工第二个凹圆弧
N110 G00 X100 Z100;	回换刀点
N120 M05;	主轴停转
N130 M30;	程序结束且复位

表 6-16　加工件 3 端面槽参考程序

程 序 内 容	动 作 说 明
O0626;	程序名
N10 G21 G40 G99;	米制输入,取消刀补,每转进给
N20 T0606 M03 S800;	选端面槽刀
N30 G00 X40 Z2;	
N40 G01 Z-7 F0.2;	
N50 G00 Z2;	
N60 G01 X33.632 F0.1;	
N65 Z0;	
N70 X38 Z-7;	
N80 Z2;	
N90 G00 X100;	
N100 Z100;	回换刀点
N110 M05;	主轴停转
N120 M30;	程序结束且复位

表 6-17　加工件 3 右端外圆参考程序

程 序 内 容	动 作 说 明
O0627;	程序名
N10 G21 G40 G99;	米制输入,取消刀补,每转进给
N20 T0101 M03 S800;	换 01 号 93°外圆车刀
N30 G00 X60 Z2;	刀具到达粗加工起始点

（续）

程 序 内 容	动 作 说 明
N40 G71 U1 R1；	分层进行粗加工
N50 G71 P60 Q150 U1 W0.1 F0.2；	
N60 G00 X26.85；	
N70 G01 Z0 F0.1；	
N80 X29.85 W-1.5；	
N90 Z-20；	
N100 X32；	
N110 X38 Z-29；	
N120 X44；	
N130 X46 W-1；	
N140 Z-36；	
N145 X56	
N150 X58 W-1；	
N160 G00 X100；	退刀
N170 Z100；	回换刀点
N180 M05；	主轴停转
N190 M00；	暂停以检测工件
N200 T0101 M03 S1300；	准备精加工
N210 G00 X60 Z2；	到达循环起点
N220 G70 P60 Q150；	精加工
N230 G00 X100；	退刀
N240 Z100；	
N250 T0303 M03 S800；	换切槽刀切槽
N260 G00 X30 Z-20；	切槽
N270 G01 X26 F0.1；	
N280 G00 X100；	退刀
N290 Z100；	
N300 T0707 M03 S800；	换外螺纹刀切螺纹
N310 G00 X32 Z2；	到达螺纹起始点
N320 G92 X29.85 Z-18 F1.5；	切削螺纹循环
N330 X29.4；	
N340 X29；	
N350 X28.6；	
N360 X28.2；	
N370 X28.05；	
N380 G00 X100 Z100；	退刀
N390 M05；	主轴停转
N400 M30；	程序结束且复位

表 6-18 加工件 3 内孔参考程序

程 序 内 容	动 作 说 明
O0628;	程序名
N10 G21 G40 G99;	米制输入,取消刀补,每转进给
N20 T0202 M03 S800;	换内孔车刀
N30 G00 X20 Z2;	刀具到达粗加工起始点
N40 G71 U1 R1;	分层进行粗加工
N50 G71 P60 Q100 U-1 W0.1 F0.2;	
N60 G00 X26;	
N70 G01 Z0 F0.1;	
N80 X24 W-1;	
N90 Z-12;	
N100 G01 U-1;	
N110 G00 X20 Z100;	退刀
N120 M05;	主轴停转
N130 M00;	暂停以检测工件
N140 T0202 M03 S1300;	准备精加工
N150 G00 X20 Z2;	到达循环起点
N160 G70 P60 Q100;	精加工
N170 G00 X20;	回换刀点
N180 Z100;	
N190 M05;	主轴停转
N200 M30;	程序结束且复位

表 6-19 加工件 2 左端外圆参考程序

程 序 内 容	动 作 说 明
O0629;	程序名
N10 G21 G40 G99;	米制输入,取消刀补,每转进给
N20 T0101 M03 S800;	换 01 号 93°外圆车刀
N30 G00 X50 Z2;	刀具到达粗加工起始点
N40 G73 U24 R8;	分层进行粗加工
N50 G73 P60 Q170 U1 W0.1 F0.2;	
N60 G00 X22;	
N70 G01 Z0 F0.1;	
N80 X24 W-1;	
N90 Z-7;	
N100 X32;	
N110 X36 W-2;	

（续）

程 序 内 容	动 作 说 明
N120 Z−35;	
N130 X29 W−2;	
N140 W−8;	
N150 X46;	
N160 X48 W−1;	
N170 G01 U1;	
N180 G00 X100;	
N190 Z100;	退刀
N200 M05;	主轴停转
N210 M00;	暂停以检测工件
N220 T0101 M03 S1300;	准备精加工
N230 G00 X50 Z2;	到达循环起点
N240 G70 P60 Q170;	精加工
N250 G00 X100;	退刀
N260 Z100;	
N270 M05;	主轴停转
N280 M30;	程序结束且复位

表 6-20　加工件 2 左端梯型螺纹参考程序

程 序 内 容	动 作 说 明
O0630;	程序名
N10 G21 G40 G99;	米制输入,取消刀补,每转进给
N20 T0808 M03 S800;	换梯形螺纹刀
N30 G00 X46 Z6;	刀具到达粗加工起始点
N40 #1=36;	
N50 WHILE[#1GE29]DO1;	
N60 G92 X[#1] Z−40 F6;	
N70 G00 Z6.1;	
N80 G92 X[#1] Z−40 F6;	
N90 G00 Z6;	
N100 #1=#1−0.1;	
N110 END1;	
N120 G00 X100;	退刀
N130 Z100;	
N140 M05;	主轴停转
N150 M30;	程序结束且复位

表 6-21　加工件 2 右端外圆参考程序

程序内容	动作说明
O0631;	程序名
N10 G21 G40 G99;	米制输入,取消刀补,每转进给
N20 T0101 M03 S800;	换 01 号 93°外圆车刀
N30 G00 X50 Z2;	刀具到达粗加工起始点
N40 G71 U1 R1;	分层进行粗加工
N50 G71 P60 Q100 U1 W0.1 F0.2;	
N60 G00 X46;	
N70 G01 Z0 F0.1;	
N80 X48 W-1;	
N90 Z-13;	
N100 G01 U1;	
N110 G00 X100 Z100;	回换刀点
N120 M05;	主轴停转
N130 M00;	暂停以检测工件
N140 T0101 M03 S1300;	准备精加工
N150 G00 X50 Z2;	到达循环起点
N160 G70 P60 Q100;	精加工
N170 G00 X100 Z100;	回换刀点
N180 M05;	主轴停转
N190 M30;	程序结束且复位

表 6-22　加工件 2 内孔参考程序

程序内容	动作说明
O0632;	程序名
N10 G21 G40 G99;	米制输入,取消刀补,每转进给
N20 T0202 M03 S800;	换内孔车刀
N30 G00 X20 Z2;	刀具到达粗加工起始点
N40 G71 U1 R1;	分层粗加工
N50 G71 P60 Q120 U-1 W0.1 F0.2;	
N60 G00 X38;	
N70 G01 Z0 F0.1;	
N80 X33.632 Z-8;	
N90 X25;	
N100 X23 W-1;	
N110 Z-19;	
N120 G01 U-1;	

（续）

程 序 内 容	动 作 说 明
N130 G00 X20 Z100;	退刀
N140 M05 ;	主轴停转
N150 M00;	暂停以检测工件
N160 M03 S1300 T0202;	准备精加工
N170 G00 X20 Z2;	到达循环起点
N180 G70 P60 Q120;	精加工
N190 G00 X20;	退刀
N200 Z100;	
N210 M05;	主轴停转
N220 M30;	程序结束且复位

3. 零件检测与评分

零件加工完成后，按图样要求检测工件，对工件进行质量分析，评价标准见表6-23。

表 6-23　零件检测与评价标准

①零件组合配分表:(合计:25分)。

序号	考核内容及要求	评分标准	配分	检测结果	扣分	得分	备注
1	配合长度 125mm±0.2mm 配合长度 146mm±0.2mm	超差 0.3mm 以内按比例扣分。超差 0.6mm 不得分	10				
2	螺纹配合	配合松紧适宜	5				
3	锥度配合	70%以上得分	5				
4	总装成型		5				
	检验员		复核		统分		

②件 1 检测精度配分表(合计:55分)。

序号	考核内容及要求	评分标准	配分	检测结果	扣分	得分	备注
1	$\phi 58_{-0.025}^{0}$ mm, $Ra1.6\mu m$	超差 0.01mm 扣 1 分	3				
		降级不得分	1				
2	$\phi 48_{+0.02}^{+0.06}$ mm, $Ra1.6\mu m$	超差 0.01mm 扣 1 分	3				
		降级不得分	1				
3	$\phi 36_{0}^{+0.039}$ mm, $Ra1.6\mu m$	超差 0.01mm 扣 1 分	3				
		降级不得分	1				
4	V 形槽, $Ra1.6\mu m$	与检测样板一致得分	5				
		降级不得分	1				
5	$M30×1.5mm-6H$	不合格不得分	6				
6	$\phi 45.56mm$, $Ra1.6\mu m$	超差 0.01mm 扣 1 分	3				
		降一级扣 1 分	1				
7	$\phi 36.67mm$	不合格不得分	1				
	$\phi 31.33mm$	不合格不得分	1				

（续）

序号	考核内容及要求	评分标准	配分	检测结果	扣分	得分	备注
8	$72\text{mm}\pm0.05\text{mm}$	超差不得分	2				
9	$45^{0}_{-0.05}\text{mm}$	超差不得分	2				
10	$25\text{mm}\pm0.03\text{mm}$	超差不得分	2				
11	34.53mm	超差不得分	1				
12	14mm	超差不得分	1				
13	12mm	超差不得分	1				
14	$5^{+0.1}_{0}\text{mm}$	超差不得分	2				
15	$Ra21.32\text{mm}$	未完成轮廓加工不得分	4				
16	倒角	不加工不得分	2				5处
17	锥面轮廓,$Ra1.6\text{mm}$	未完成轮廓加工不得分	3				
18	1. 未注尺寸公差等级按照 IT14 2. 其余表面粗糙度 3. 工件必须完整,局部有缺陷扣 1~3 分		5				
检验员			复核		统分		

③件 2 检测精度配分表(合计:45 分)。

序号	考核内容及要求	评分标准	配分	检测结果	扣分	得分	备注
1	$\phi48^{0}_{-0.25}\text{mm},Ra1.6\mu\text{m}$	超差 0.01mm 扣 1 分	3				
		降级不得分	1				
2	$\phi24^{-0.02}_{-0.05}\text{mm},Ra1.6\mu\text{m}$	超差 0.01mm 扣 1 分	3				
		降级不得分	1				
3	$\phi23^{+0.033}_{0}\text{mm},Ra1.6\mu\text{m}$	超差 0.01mm 扣 1 分	3				
		降级不得分	1				
4	$Tr36\times6\text{-Te}$	不合格不得分	6				
5	$\phi38^{+0.10}_{+0.05}\text{mm}$	超差 0.01mm 扣 1 分	3				
6	$8\text{mm}\times3.5\text{mm}$	超差不得分	2				
7	$58\text{mm}\pm0.03\text{mm}$	超差不得分	2				
8	19mm	超差不得分	1				
9	$13^{0}_{-0.05}\text{mm}$	超差不得分	2				
10	$7^{+0.05}_{0}\text{mm}$	超差不得分	2				
11	6mm	超差不得分	2				
12	$8\text{mm}\times3.5\text{mm}$	超差不得分	2				
13	倒角	不加工不得分	2				3处
14	锥面轮廓,$Ra1.6\text{mm}$	未完成轮廓加工不得分	4				
15	1. 未注尺寸公差等级按照 IT14 2. 其余表面粗糙度 3. 工件必须完整,局部有缺陷扣 1~3 分		5				
检验员			复核		统分		

（续）

④零件 3 检测精度配分表（合计:65 分）。

序号	考核内容及要求	评分标准	配分	检测结果	扣分	得分	备注
1	$\phi58_{-0.03}^{0}$ mm（3 处），$Ra1.6\mu m$	超差 0.01mm 扣 1 分	4				
		降级不得分	1				
2	$\phi48_{+0.05}^{+0.1}$ mm，$Ra1.6\mu m$	超差 0.01mm 扣 1 分	4				
		降级不得分	1				
3	$\phi46_{-0.025}^{0}$ mm，$Ra1.6\mu m$	超差 0.01mm 扣 1 分	4				
		降级不得分	1				
4	$2\times R4$ mm，$Ra1.6\mu m$	与检测样板一致得分	4				
		降级不得分	1				
5	M30×1.5-6g	不合格不得分	4				
6	$\phi24_{0}^{+0.052}$ mm，$Ra1.6\mu m$	超差 0.01mm 扣 1 分	4				
		降一级扣 1 分	1				
7	$\phi38$ mm	超差不得分	1				
	$\phi32$ mm	超差不得分	1				
8	$\phi33.632$ mm	超差不得分	1				
9	72mm±0.03mm	超差不得分	2				
10	70mm±0.03mm	超差不得分	2				
11	34mm±0.03mm	超差不得分	2				
12	$7_{0}^{+0.1}$ mm	超差不得分	2				
13	$12_{0}^{+0.1}$ mm	超差不得分	2				
14	$7_{-0.05}^{0}$ mm	超差不得分	2				
15	6mm±0.05mm	超差不得分	2				
16	17mm	超差不得分	1				
17	16mm	超差不得分	1				
18	14mm	超差不得分	1				
19	9mm	超差不得分	1				
20	4mm×2mm	超差不得分	2				
21	端面槽	未完成轮廓加工不得分	2				
22	倒角	不加工不得分	2				3 处
23	锥面轮廓，$Ra1.6\mu m$	未完成轮廓加工不得分	4				
24	1. 未注尺寸公差等级按照 IT14 2. 其余表面粗糙度 3. 工件必须完整，局部有缺陷扣 1~3 分		5				
	检验员		复核		统分		

附 录

附录 A　数控车工国家职业标准

截至 2017 年 6 月，人力资源和社会保障部对国家职业资格进行了整合，把车工、数控车工、铣工、数控铣工以及加工中心操作工整合为铣工和车工，虽然取消了数控车工、数控铣工以及加工中心操作工这些职业资格，但相应的数控内容在车工和铣工中都有要求，本书只对数控车工的要求做以说明。

1. 职业概况

（1）职业名称

数控车工。

（2）职业定义

从事编制数控加工程序并操作数控车床进行零件车削加工的人员。

（3）职业等级

本职业共设四个等级，分别为：中级（国家职业资格四级）、高级（国家职业资格三级）、技师（国家职业资格二级）、高级技师（国家职业资格一级）。

（4）职业环境

室内，常温。

（5）职业能力特征

具有较强的计算能力和空间感，形体知觉及色觉正常，手指、手臂灵活，动作协调。

（6）基本文化程度

高中毕业（或同等学力）。

（7）培训要求

1）培训期限

全日制职业学校教育，根据其培养目标和教学计划确定。晋级培训期限：中级不少于400 标准学时，高级不少于 300 标准学时，技师不少于 200 标准学时，高级技师不少于 200标准学时。

2）培训教师

培训中级、高级的教师应取得本职业技师及以上职业资格证书或相关专业中级及以上专业技术职务任职资格，培训技师的教师应取得本职业高级技师职业资格证书或相关专业高级专业技术职务任职资格，培训高级技师的教师应取得本职业高级技师职业资格证书 2 年以上或取得相关专业高级专业技术职务任职资格。

3）培训场地设备

满足教学要求的标准教室、计算机机房及配套的软件、数控车床及必要的刀具、夹具、量具和辅助设备等。

（8）鉴定要求

1）适用对象

从事或准备从事本职业的人员。

2）申报条件

——中级：（具备以下条件之一者）

（A）经本职业中级正规培训达规定标准学时数，并取得结业证书。

（B）连续从事本职业工作5年以上。

（C）取得经劳动保障行政部门审核认定的，以中级技能为培养目标的中等以上职业学校本职业或相关专业毕业证书。

（D）取得相关职业中级职业资格证书后，连续从事本职业工作2年以上。

——高级：（具备以下条件之一者）

（A）取得本职业中级职业资格证书后，连续从事本职业工作2年以上，经本职业高级正规培训达规定标准学时数，并取得结业证书。

（B）取得本职业中级职业资格证书后，连续从事本职业工作4年以上。

（C）取得经劳动保障行政部门审核认定的、以高级技能为培养目标的职业学校本职业或相关专业毕业证书。

（D）大专以上本专业或相关专业毕业生，经本职业高级正规培训达规定标准学时数，并取得结业证书。

——技师：（具备以下条件之一者）

（A）取得本职业高级职业资格证书后，连续从事本职业工作4年以上，经本职业技师正规培训达规定标准学时数，并取得结业证书。

（B）取得本职业高级职业资格证书的职业学校本职业（专业）毕业生，连续从事本职业工作2年以上，经本职业技师正规培训达标准学时数，并取得结业证书。

（C）取得本职业高级职业资格证书的本科（含本科）以上本专业或相关专业毕业生，连续从事本职业工作2年以上，经本职业技师正规培训达规定标准学时数，并取得结业证书。

——高级技师：

取得本职业技师职业资格证书后，连续从事本职业工作4年以上，经本职业高级技师正规培训达规定标准学时数，并取得结业证书。

3）鉴定方式

分为理论知识考试和技能操作考核。理论知识考试采用闭卷笔试方式，技能操作（含软件应用）考核采用现场实际操作和计算机软件操作方式。理论知识考试和技能操作（含软件应用）考核均实行百分制，成绩皆达60分及以上者为合格。技师和高级技师还须进行综合评审。

4）考评人员与考生配比

理论知识考试考评人员与考生配比为1：15，每个标准教室不少于2名考评人员；技能操作（含软件应用）考核考评人员与考生配比为1：2，且不少于3名考评员；综合评审委员不少于5人。

5）鉴定时间

理论知识考试为120min。技能操作考核中实操时间为：中级、高级不少于240min，技师、高级技师不少于300min；技能操作考核中软件应用考试时间为不超过120min。技师、高级技师的综合评审时间不少于45min。

6）鉴定场所设备

理论知识考试在标准教室里进行，软件应用考试在计算机机房进行，技能操作考核在配备必要的数控车床及刀具、夹具、量具和辅助设备的场所进行。

2. 基本要求

（1）职业道德

1）职业道德基本知识

2）职业守则

（A）遵守国家法律、法规和有关规定。

（B）具有高度的责任心，爱岗敬业、团结合作。

（C）严格执行相关标准、工作程序与规范、工艺文件和安全操作规程。

（D）学习新知识新技能，勇于开拓和创新。

（E）爱护设备、系统及工具、夹具、量具。

（F）着装整洁，符合规定；保持工作清洁有序，文明生产。

（2）基础知识

1）基础理论知识

（A）机械制图。

（B）工程材料及金属热处理知识。

（C）机电控制知识。

（D）计算机基础知识。

（E）专业英语基础。

2）机械加工基础知识

（A）机械原理。

（B）常用设备知识（分类、用途、基本结构及维护保养方法）。

（C）常用金属切削刀具知识。

（D）典型零件加工工艺。

（E）设备润滑和冷却液的作用方法。

（F）工具、夹具、量具的使用与维护知识。

（G）普通车床、钳工基本操作知识。

3）安全文明生产与环境保护知识

（A）安全操作与劳动保护知识。

（B）文明生产知识。

（C）环境保护知识。

4）质量管理知识

（A）企业的质量方针。

（B）岗位质量要求。

（C）岗位质量保证措施与责任。

5）相关法律、法规知识

（A）劳动法相关知识。

（B）环境保护法相关知识。

（C）知识产权保护法相关知识。

3．工作要求

本标准对中级、高级、技师和高级技师的技能要求依次递进，高级别涵盖低级别的要求。

（1）中级：见附表 A-1。

附表 A-1　数控车工（中级）工作要求

职业功能	工作内容	技　能　要　求	相　关　知　识
加工准备	读图与绘图	1．能读懂中等复杂度（如曲轴）的零件图 2．能绘制简单的轴、盘类零件图 3．能读懂进给机构、主轴系统的装配图	1．复杂零件的表达方法 2．简单零件图的画法 3．零件三视图、局部视图和剖视图的画法 4．装配图的画法
	制订加工工艺	1．能读懂复杂零件的数控车床加工工艺文件 2．能编制简单（轴、盘）零件的数控车床加工工艺文件	数控车床加工工艺文件的制订
	零件定位与装夹	能使用通用夹具（如自定心卡盘、单动卡盘）进行零件装夹与定位	1．数控车床常用夹具的使用方法 2．零件定位、装夹的原理和方法
	刀具准备	1．能根据数控车床加工工艺文件选择、安装和调整数控车床常用刀具 2．能刃磨常用车削刀具	1．金属切削与刀具磨损知识 2．数控车床常用刀具的种类、结构和特点 3．数控车床、零件材料、加工精度和工作效率对刀具的要求
数控编程	手工编程	1．能编制由直线、圆弧组成的二维轮廓数控加工程序 2．能编制螺纹加工程序 3．能运用固定循环、子程序进行零件的加工程序编制	1．数控编程知识 2．直线插补和圆弧插补的原理 3．坐标点的计算方法
	计算机辅助编程	1．能使用计算机绘图设计软件绘制简单（轴、盘、套）零件图 2．能利用计算机绘图软件计算节点	计算机绘图软件（二维）的使用方法
数控车床操作	操作面板	1．能按照操作规程起动及停止机床 2．能使用操作面板上的常用功能键（如回零、手动、MDI、修调等）	1．熟悉数控车床操作说明书 2．数控车床操作面板的使用方法
	程序输入与编辑	1．能通过各种途径（如 DNC、网络等）输入加工程序 2．能通过操作面板编辑加工程序	1．数控加工程序的输入方法 2．数控加工程序的编辑方法 3．网络知识
	对刀	1．能进行对刀并确定相关坐标系 2．能设置刀具参数	1．对刀的方法 2．坐标系的知识 3．刀具偏置补偿、半径补偿与刀具参数的输入方法
	程序调试与运行	能够对程序进行校验、单步执行、空运行并完成零件试刀	程序调试的方法

（续）

职业功能	工作内容	技能要求	相关知识
零件加工	轮廓加工	1. 能进行轴、套类零件加工,并达到下以要求: (1)尺寸公差等级:IT6 (2)几何公差等级:IT8 (3)表面粗糙度:$Ra1.6\mu m$ 2. 能进行盘类、支架类零件加工,并达到以下要求: (1)轴径公差等级:IT6 (2)孔径公差等级:IT7 (3)几何公差等级:IT8 (4)表面粗糙度:$Ra1.6\mu m$	1. 内外径的车削加工方法、测量方法 2. 几何公差的测量方法 3. 表面粗糙度的测量方法
	螺纹加工	能进行单线等节距的普通三角螺纹、锥螺纹的加工,并达到以下要求: (1)尺寸公差等级:IT6~IT7 (2)几何公差等级:IT8 (3)表面粗糙度:$Ra1.6\mu m$	1. 常用螺纹的车削加工方法 2. 螺纹加工中的参数计算
	槽类加工	能进行内径槽、外径槽和端面槽的加工,并达到以下要求: (1)尺寸公差等级:IT8 (2)几何公差等级:IT8 (3)表面粗糙度:$Ra3.2\mu m$	内径槽、外径槽和端槽的加工方法
	孔加工	能进行孔加工,并达到以下要求: (1)尺寸公差等级:IT7 (2)几何公差等级:IT8 (3)表面粗糙度:$Ra3.2\mu m$	孔的加工方法
	零件精度检验	能进行零件的长度、内径、外径、螺纹、角度精度检验	1. 通用量具的使用方法 2. 零件精度检验及测量方法
数控车床维护和故障诊断	数控车床日常维护	能根据说明书完成数控车床的定期及不定期维护保养,包括机械、电气、液压、冷却数控系统检查和日常保养等	1. 数控车床说明书 2. 数控车床日常保养方法 3. 数控车床操作规程 4. 数控系统(进口与国产数控系统)使用说明书
	数控车床故障诊断	1. 能读懂数控系统的报警信息 2. 能发现并排除由数控程序引起的数控车床的一般故障	1. 使用数控系统报警信息表的方法 2. 数控机床的编程和操作故障诊断方法
	数控车床精度检查	能进行数控车床水平的检查	1. 水平仪的使用方法 2. 机床垫铁的调整方法

（2）高级：见附表 A-2。

附表 A-2　数控车工（高级）工作要求

职业功能	工作内容	技能要求	相关知识
加工准备	读图与绘图	1. 能读懂中等复杂程度(如刀架)的装配图 2. 能根据装配图拆画零件图 3. 能测绘零件	1. 根据装配图拆画零件图的方法 2. 零件的测绘方法
	制订加工工艺	能编制复杂零件的数控车床加工工艺文件	复杂零件数控车床加工工艺文件的制订
	零件定位与装夹	1. 能选择和使用数控车床组合夹具和专用夹具 2. 能分析并计算车床夹具的定位误差 3. 能设计与自制装夹辅具(如心轴、轴套和定位件等)	1. 数控车床组合夹具和专用夹具的使用、调整方法 2. 专用夹具的使用方法 3. 夹具定位误差的分析与计算方法
	刀具准备	1. 能选择各种刀具及刀具附件 2. 能根据难加工材料的特点,选择刀具的材料、结构和几何参数 3. 能刃磨特殊车削刀具	1. 专用刀具的种类、用途、特点和刃磨方法 2. 切削难加工材料时的刀具材料和几何参数的确定方法
数控编程	手工编程	能运用变量编制含有公式曲线的零件数控加工程序	1. 固定循环和子程序的编程方法 2. 变量编程的规则和方法
	计算机辅助编程	能用计算机绘图软件绘制装配图	计算机绘图软件的使用方法
	数控加工仿真	能利用数控加工仿真软件实施加工过程仿真以及加工代码检查、干涉检查及工时估算	数控加工仿真软件的使用方法
零件加工	轮廓加工	能进行细长、薄壁零件加工,并达到以下要求: (1)轴径公差等级:IT6 (2)孔径公差等级:IT7 (3)几何公差等级:IT8 (4)表面粗糙度:$Ra1.6\mu m$	细长、薄壁零件加工的特点及装夹、车削方法
	螺纹加工	1. 能进行单线和多线等节距的 T 形螺纹、锥螺纹加工,并达到以下要求: (1)尺寸公差等级:IT6 (2)几何公差等级:IT8 (3)表面粗糙度:$Ra1.6\mu m$ 2. 能进行变节距螺纹的加工,并达到以下要求: (1)尺寸公差等级:IT6 (2)几何公差等级:IT7 (3)表面粗糙度:$Ra1.6\mu m$	1.T 形螺纹、锥螺纹加工中的参数计算 2. 变节距螺纹的车削加工方法
	孔加工	能进行深孔加工,并达到以下要求: (1)尺寸公差等级:IT6 (2)几何公差等级:IT8 (3)表面粗糙度:$Ra1.6\mu m$	深孔的加工方法
	配合件加工	能按装配图上的技术要求对套件进行零件加工和组装,配合公差等级达到 IT7	套件的加工方法

（续）

职业功能	工作内容	技能要求	相关知识
零件加工	零件精度检验	1. 能在加工过程中使用百分表、千分表等进行在线测量，并进行加工技术参数的调整 2. 能够进行多线螺纹的检验 3. 能进行加工误差分析	1. 百分表、千分表的使用方法 2. 多线螺纹的精度检验方法 3. 误差分析的方法
数控车床维护与精度检验	数控车床日常维护	1. 能制订数控车床的日常维护规程 2. 能监督检查数控车床的日常维护状况	1. 数控车床维护管理基本知识 2. 数控机床维护操作规程的制订方法
	数控车床故障诊断	1. 能判断数控车床机械、液压、气压和冷却系统的一般故障 2. 能判断数控车床控制与电器系统的一般故障 3. 能够判断数控车床刀架的一般故障	1. 数控车床机械故障的诊断方法 2. 数控车床液压、气压元器件的基本原理 3. 数控机床电器元件的基本原理 4. 数控车床刀架机构
	机床精度检验	1. 能利用量具、量规对机床主轴垂直平行度、机床水平度等一般机床几何精度进行检验 2. 能进行机床切削精度检验	1. 机床几何精度的检验内容及方法 2. 机床切削精度的检验内容及方法

（3）技师：见附表 A-3。

附表 A-3　数控车工（技师）工作要求

职业功能	工作内容	技能要求	相关知识
加工准备	读图与绘图	1. 能绘制工装装配图 2. 能读懂常用数控车床的机械结构图及装配图	1. 工装装配图的画法 2. 常用数控车床的机械原理图及装配图的画法
	制订加工工艺	1. 能编制高难度、高精密、特殊材料零件的数控加工多工种工艺文件 2. 能对零件的数控加工工艺进行合理性分析，并提出改进建议 3. 能推广应用新知识、新技术、新工艺、新材料	1. 零件的多工种工艺分析方法 2. 数控加工工艺方案合理性的分析方法及改进措施 3. 特殊材料的加工方法 4. 新知识、新技术、新工艺、新材料
	零件定位与装夹	能设计与制作零件的专用夹具	专用夹具的设计与制造方法
	刀具准备	1. 能依据切削条件和刀具条件估算刀具的使用寿命 2. 根据刀具寿命计算并设置相关参数 3. 能推广应用新刀具	1. 切削刀具的选用原则 2. 延长刀具寿命的方法 3. 刀具新材料、新技术 4. 刀具使用寿命的参数设定方法

（续）

职业功能	工作内容	技能要求	相关知识
数控编程	手工编程	能编制车削中心、车铣中心的三轴及三轴以上（含旋转轴）的加工程序	编制车削中心、车铣中心加工程序的方法
	计算机辅助编程	1. 能用计算机辅助设计/制造软件进行车削零件的造型和生成加工轨迹 2. 能根据不同的数控系统进行后置处理并生成加工代码	1. 三维造型和编辑 2. 计算机辅助设计/制造软件（三维）的使用方法
	数控加工仿真	能利用数控加工仿真软件分析和优化数控加工工艺	数控加工仿真软件的使用方法
零件加工	轮廓加工	1. 能编制数控加工程序车削多拐曲轴达到以下要求： (1) 直径公差等级：IT6 (2) 表面粗糙度：$Ra1.6\mu m$ 2. 能编制数控加工程序对适合在车削中心加工的带有车削、铣削等工序的复杂零件进行加工	1. 多拐曲轴车削加工的基本知识 2. 车削加工中心加工复杂零件的车削方法
	配合件加工	能进行两件（含两件）以上具有多处尺寸链配合的零件加工与配合	多尺寸链配合的零件加工方法
	零件精度检验	能根据测量结果对加工误差进行分析并提出改进措施	1. 精密零件的精度检验方法 2. 检具设计知识
数控车床维护与精度检验	数控车床维修	1. 能实施数控车床的一般维修 2. 能借助字典阅读数控设备的主要外文信息	1. 数控车床常用机械故障的维修方法 2. 数控车床专业外文知识
	数控车床故障诊断和排除	1. 能排除数控车床机械、液压、气压和冷却系统的一般故障 2. 能排除数控车床控制与电气系统的一般故障 3. 能够排除数控车床刀架的一般故障	1. 数控车床液压、气压元件的维修方法 2. 数控车床电器元件的维修方法 3. 数控车床数控系统的基本原理 4. 数控车床刀架维修方法
	机床精度检验	1. 能利用量具、量规对机床定位精度、重复定位度、主轴精度、刀架的转位精度进行精度检验 2. 能根据机床切削精度判断机床精度误差	1. 机床定位精度检验、重复定位精度检验的内容及方法 2. 机床动态特性的基本原理
培训与管理	操作指导	能指导本职业中级、高级工进行实际操作	操作指导书的编制方法
	理论培训	1. 能对本职业中级、高级工和技师进行理论培训 2. 能系统地讲授各种切削刀具的特点和使用方法	1. 培训教材的编写方法 2. 切削刀具的特点和使用方法
	质量管理	能在本职工作中认真贯彻各项质量标准	相关质量标准
	生产管理	能协助部门领导进行生产计划、调度及人员的管理	生产管理基本知识
	技术改造与创新	能进行加工工艺、夹具、刀具的改进	数控加工工艺综合知识

（4）高级技师：见附表 A-4。

附表 A-4　数控车工（高级技师）工作要求

职业功能	工作内容	技 能 要 求	相 关 知 识
工艺分析与设计	读图与绘图	1. 能绘制复杂工装装配图 2. 能读懂常用数控车床的电气、液压原理图	1. 复杂工装设计方法 2. 常用数控车床电气、液压原理图的画法
	制订加工工艺	1. 能对高难度、高精密零件的数控加工工艺方案进行优化并实施 2. 能编制多轴车削中心的数控加工工艺文件 3. 能对零件加工工艺提出改进建议	1. 复杂、精密零件加工工艺的系统知识 2. 车削中心、车铣中心加工工艺文件编制方法
	零件定位与装夹	能对现有的数控车床夹具进行误差分析并提出改进建议	误差分析方法
	刀具准备	能根据零件要求设计刀具，并提出制造方法	刀具的设计与制造知识
零件加工	异形零件加工	能解决高难度零件(如十字座类、连杆类、叉架类等异形零件)车削加工的技术问题,并制订工艺措施	高难度零件的加工方法
	零件精度检验	能制订高难度零件加工过程中的精度检验方案	在机械加工全过程中影响质量的因素及提高质量的措施
数控车床维护与精度检验	数控车床维修	1. 能组织并实施数控车床的重大维修 2. 能借助字典看懂数控设备的主要外文技术资料 3. 能针对机床运行现状合理调整数控系统相关参数	1. 数控车床大修方法 2. 数控系统机床参数信息表
	数控车床故障诊断和排除	1. 能分析数控车床机械、液压、气压和冷却系统故障产生的原因,并能提出改进措施减少故障率 2. 能根据机床电路图或可编辑逻辑控制器(PLC)梯形图检查出故障发生点,并提出机床维修方案	1. 数控车床数控系统的控制方法 2. 数控机床机械、液压、气压和冷却系统结构调整和维修方法 3. 机床电路图的使用方法 4. 可编程逻辑控制器(PLC)的使用方法
	机床精度检验	1. 能利用激光干涉仪或其他设备对数控车床进行定位精度、重复定位精度、导轨垂直平行度的检验 2. 能通过调整和修改机床参数对可补偿的机床误差进行精度补偿	1. 激光干涉仪的使用方法 2. 误差统计和计算方法 3. 数控系统中机床误差的补偿方法
	数控设备网络化	能借助网络设备和软件系统实现数控设备的网络化管理	数控设备网络接口及相关技术
培训与管理	操作指导	能指导本职业中级、高级工和技师进行实际操作	操作理论教学指导书的编写方法
	理论培训	能对本职业中级、高级工和技师进行理论培训	教学计划与大纲的编制方法
	质量管理	能全面应用质量管理知识,实现操作过程的质量分析与控制	质量分析与控制方法
	技术改造与创新	能组织实施技术改造和创新,并撰写相应的论文	科技论文的撰写方法

4．比重表

（1）理论知识比重见附表 A-5。

附表 A-5　数控车工理论知识比重

项　目		中级（%）	高级（%）	技师（%）	高级技师（%）
基本要求	职业道德	5	5	5	5
	基础知识	20	20	15	15
相关知识	加工准备	15	15	30	—
	工艺分析与设计	—	—	—	40
	数控编程	20	20	10	—
	数控车床操作	5	5	—	—
	零件加工	30	30	20	15
	数控车床维护和故障诊断	5	—	—	—
	数控车床维护与精度检验	—	5	10	10
	培训与管理	—	—	10	15
合计		100	100	100	100

（2）技能操作比重见附表 A-6。

附表 A-6　数控车工技能知识比重

项　目		中级（%）	高级（%）	技师（%）	高级技师（%）
技能要求	加工准备	10	10	20	—
	工艺分析与设计	—	—	—	35
	数控编程	20	20	30	—
	数控车床操作	5	5	—	—
	零件加工	60	60	40	45
	数控车床维护和故障诊断	5	—	—	—
	数控车床维护与精度检验	—	5	5	10
	培训与管理	—	—	5	10
合计		100	100	100	100

附录 B　数控车工中级工模拟试题

中级工模拟试题一

1．考核要求

（1）考核时间：300min

（2）具体考核要求：

1）按零件图样完成加工操作。

2）填写数控车床加工工艺简卡和程序单。

（3）零件图如附图 B-1 所示。

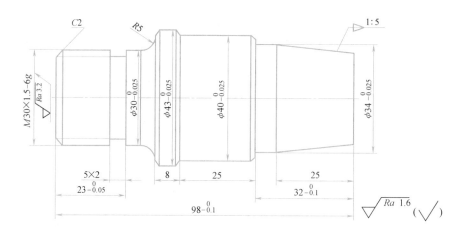

技术要求

1. 未注倒角 $C1.5$
2. 严禁用锉刀、砂布修饰加工表面
3. 未注形状公差应符合GB/T 1184—1996的要求

附图 B-1　中级工零件图一

（4）零件材料：45 钢

2. 数控车床加工工艺简卡和程序清单

（1）数控车床加工工艺简卡见附表 B-1。

附表 B-1　数控车床加工工艺简卡

工序名称及 加工程序号	工艺简图 （标明定位、装夹位置） （标明程序原点和对刀点位置）	工步序号及内容	选用刀具
		1.	
		2.	
		3.	
		4.	
		5.	
		6.	
		7.	
		8.	
		9.	
		1.	
		2.	
		3.	
		4.	
		5.	
		6.	
		7.	
		8.	
		9.	

（2）程序清单（略）

3. 零件检测评分表

零件检测评分表见附表 B-2。

附表 B-2 零件检测评分表

序号	考核项目	考核内容及要求		配分	评分标准	检测结果	扣分	得分
1	工艺分析	填写工序卡。工艺不合理,视情况酌情扣分。 1）工件定位和夹紧不合理 2）加工顺序不合理 3）刀具选择不合理 4）关键工序错误		5	每违反一条酌情扣 1 分,扣完为止			
2	程序编制	1）指令正确,程序完整 2）运用刀具半径和长度补偿功能 3）数值计算正确、程序编写表现出一定的技巧,简化计算和加工程序		20	每违反一条酌情扣 1～5 分,扣完为止			
3	数控车床规范操作	1）开机前的检查和开机顺序正确 2）回机床参考点 3）正确对刀,建立工件坐标系 4）正确设置参数 5）正确仿真校验		20	每违反一条酌情扣 2～4 分,扣完为止			
4	外圆	$\phi 34_{-0.025}^{0}$ mm	IT	4	超差 0.01mm 扣 1 分			
			Ra	2	降一级扣 0.5 分			
		$\phi 40_{-0.025}^{0}$ mm	IT	4	超差 0.01mm 扣 1 分			
			Ra	2	降一级扣 0.5 分			
		$\phi 43_{-0.025}^{0}$ mm	IT	4	超差 0.01mm 扣 1 分			
			Ra	2	降一级扣 0.5 分			
		$\phi 30_{-0.025}^{0}$ mm	IT	4	超差 0.01mm 扣 1 分			
			Ra	2	降一级扣 0.5 分			
5	成形面	R5mm	IT	2	超差不得分			
			Ra	2	降一级扣 0.5 分			
6	外螺纹	M30×1.5mm	IT	4	不合格不得分			
			Ra	2	降一级扣 1 分			
7	长度	$32_{-0.1}^{0}$ mm	IT	2	超差不得分			
8		$23_{-0.05}^{0}$ mm	IT	2	超差 0.01mm 扣 1 分			
9		$98_{-0.1}^{0}$ mm	IT	2	超差 0.01mm 扣 1 分			
10		8mm、25mm	IT	2	超差不得分			
11	锥度	1：5		5	超差不得分			
12	倒角	倒角 4 处		2	超差一处扣 0.5 分			

（续）

序号	考核项目	考核内容及要求	配分	评分标准	检测结果	扣分	得分
13	安全文明生产	1）着装规范，未受伤 2）刀具、工具、量具的放置规范 3）工件装夹、刀具安装规范 4）正确使用量具 5）卫生、设备保养 6）关机后机床停放位置合理	6	每违反一条酌情扣1分。扣完为止			
	否定项	发生重大事故（人身和设备安全事故等）、严重违反工艺原则和情节严重的野蛮操作等，由监考人决定取消其实操考核资格					

额定时间		实际加工时间		总得分	

检测员：　　　　　　记录员：　　　　　　考评员：

中级工模拟试题二

1. 考核要求

（1）考核时间：300min

（2）具体考核要求：

1）按零件图样完成加工操作。

2）填写数控车床加工工艺简卡和程序单。

（3）零件图如附图 B-2 所示。

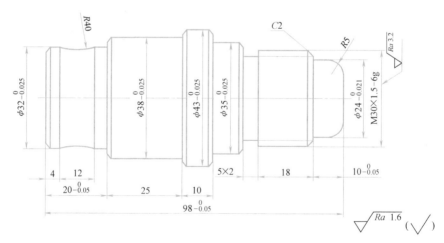

技术要求

1. 未注倒角 C1.5
2. 严禁用锉刀、砂布修饰加工表面
3. 未注形状公差应符合 GB/T 1184—1996 的要求

附图 B-2　中级工零件图二

（4）零件材料：45 钢

2. 数控车床加工工艺简卡和程序清单

（1）数控车床加工工艺简卡（略）

（2）程序清单（略）

3. 零件检测评分表

零件检测评分表见附表 B-3。

附表 B-3　零件检测评分表

序号	考核项目	考核内容及要求		配分	评分标准	检测结果	扣分	得分
1	工艺分析	填写工序卡。工艺不合理，视情况酌情扣分。（详见工序卡）（1）工件定位和夹紧不合理（2）加工顺序不合理（3）刀具选择不合理（4）关键工序错误		5	每违反一条酌情扣 1 分。扣完为止			
2	程序编制	（1）指令正确，程序完整（2）运用刀具半径和长度补偿功能（3）数值计算正确、程序编写表现出一定的技巧，简化计算和加工程序		20	每违反一条酌情扣 1~5 分。扣完为止			
3	数控车床规范操作	（1）开机前的检查和开机顺序正确（2）回机床参考点（3）正确对刀，建立工件坐标系（4）正确设置参数（5）正确仿真校验		20	每违反一条酌情扣 2~4 分。扣完为止			
4	外圆	$\phi24_{-0.021}^{0}$mm	IT	4	超差 0.01mm 扣 1 分			
			Ra	1	降一级扣 0.5 分			
		$\phi35_{-0.025}^{0}$mm	IT	4	超差 0.01mm 扣 1 分			
			Ra	1	降一级扣 0.5 分			
		$\phi43_{-0.025}^{0}$mm	IT	4	超差 0.01mm 扣 1 分			
			Ra	1	降一级扣 0.5 分			
		$\phi38_{-0.025}^{0}$mm	IT	4	超差 0.01mm 扣 1 分			
			Ra	1	降一级扣 0.5 分			
		$\phi32_{-0.025}^{0}$mm	IT	4	超差 0.01mm 扣 1 分			
			Ra	1	降一级扣 0.5 分			
5	成形面	R5mm	IT	2	超差不得分			
			Ra	1	降一级扣 0.5 分			
		R40mm	IT	2	超差不得分			
			Ra	1	降一级扣 0.5 分			

（续）

序号	考核项目	考核内容及要求		配分	评分标准	检测结果	扣分	得分
6	外螺纹	M30×1.5mm	IT	4	不合格不得分			
			Ra	3	降一级扣1分			
7	长度	$10_{-0.05}^{0}$mm	IT	2	超差0.01mm扣1分			
8		10mm、25mm	IT	2	超差0.01mm扣1分			
9		$20_{-0.05}^{0}$mm	IT	2	超差0.01mm扣1分			
10		$98_{-0.05}^{0}$mm	IT	2	超差不得分			
11	倒角	6处		3	超差一处扣0.5分			
12	安全文明生产	1) 着装规范,未受伤 2) 刀具、工具、量具的放置规范 3) 工件装夹、刀具安装规范 4) 正确使用量具 5) 卫生、设备保养 6) 关机后机床停放位置合理		6	每违反一条酌情扣1分。扣完为止			
13	否定项	发生重大事故(人身和设备安全事故等)、严重违反工艺原则和情节严重的野蛮操作等,由监考人决定取消其实操考核资格						

额定时间		实际加工时间		总得分	
检验员:		记录员:		考评员:	

附录 C 数控车工高级工模拟试题

高级工模拟试题一

1. 考核要求

（1）考核时间：300min

（2）具体考核要求：

1）按零件图样完成加工操作。

2）填写数控车床加工工艺简卡和程序单。

（3）零件图如附图 C-1 所示。

（4）零件材料：45 钢

2. 数控车床加工工艺简卡和程序清单

（1）数控车床加工刀具、工艺卡

1）数控加工刀具卡见附表 C-1。

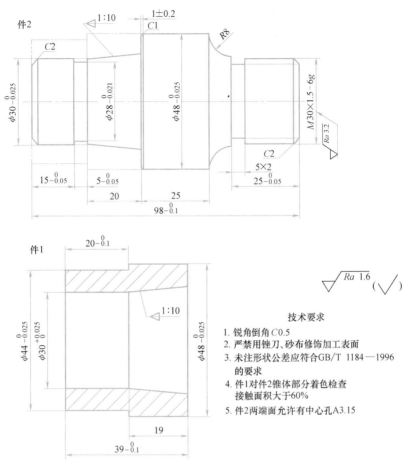

$$\sqrt{} \sqrt{Ra\ 1.6} \left(\sqrt{}\right)$$

技术要求

1. 锐角倒角 C0.5
2. 严禁用锉刀、砂布修饰加工表面
3. 未注形状公差应符合GB/T 1184—1996 的要求
4. 件1对件2锥体部分着色检查 接触面积大于60%
5. 件2两端面允许有中心孔A3.15

附图 C-1　高级工零件图一

附表 C-1　数控加工刀具卡

序号	刀具号	加工表面	刀尖半径/mm	备注

2）数控加工工艺卡见附表 C-2。

附表 C-2　数控加工工艺卡

工序号	工序内容	刀具号	刀具规格	主轴转速 /(r/min)	进给速度 /(mm/r)	背吃刀量 /mm	备注

3）工序制订（略）。

（2）程序清单（略）

3. 零件检测评分表

零件检测评分表见附表 C-3。

附表 C-3　零件检测评分表

序号	考核项目	考核内容及要求	配分	评分标准	检测结果	扣分	得分
1	工艺分析	填写刀具卡、工艺卡 1)刀具选择不合理 2)加工顺序不合理 3)关键工序错误 4)切削参数不合理	10	每违反一条酌情扣 1~2 分。扣完为止			
2	程序编制	1)指令正确,程序完整 2)运用刀具半径和长度补偿功能 3)数值计算正确,程序编写表现出一定的技巧,简化计算和加工程序	15	每违反一条酌情扣 1~5 分。扣完为止			
3	数控车床规范操作	1)开机前的检查和开机顺序正确 2)回机床参考点 3)正确对刀,建立工件坐标系 4)正确设置参数 5)正确仿真校验	20	每违反一条酌情扣 2~4 分。扣完为止			

（续）

序号	考核项目	考核内容及要求		配分	评分标准	检测结果	扣分	得分
4	外圆	$\phi30_{-0.025}^{0}$mm	IT	3	超差0.01mm扣1分			
			Ra	1	降一级扣0.5分			
		$\phi28_{-0.021}^{0}$mm	IT	3	超差0.01mm扣1分			
			Ra	1	降一级扣0.5分			
		$\phi48_{-0.025}^{0}$mm	IT	3	超差0.01mm扣1分			
			Ra	1	降一级扣0.5分			
5	成型面	$R8$mm	IT	1	超差不得分			
			Ra	1	降一级扣0.5分			
6	外螺纹	M30×1.5mm	IT	3	不合格不得分			
			Ra	1	降一级扣1分			
7	长度	$15_{-0.05}^{0}$mm	IT	2	超差0.01mm扣1分			
8		$5_{-0.05}^{0}$mm	IT	2	超差0.01mm扣1分			
9		$25_{-0.05}^{0}$mm	IT	2	超差0.01mm扣1分			
10		$98_{-0.1}^{0}$mm	IT	2	超差不得分			
11		25mm	IT	1	超差不得分			
12	锥度	1:10		3	超差不得分			
13	外圆	$\phi44_{-0.025}^{0}$mm	IT	3	超差0.01mm扣1分			
			Ra	1	降一级扣0.5分			
14	内孔	$\phi30_{0}^{+0.025}$mm	IT	3	超差0.01mm扣1分			
			Ra	1	降一级扣0.5分			
15	长度	$20_{-0.1}^{0}$mm		1	超差不得分			
		$39_{-0.1}^{0}$mm		1	超差不得分			
		1mm±0.2mm		3	超差不得分			
16	配合			6	接触面积小于30%不得分 接触面积30%~50%得2.5分			
17	安全文明生产	1）着装规范，未受伤 2）刀具、工具、量具的放置规范 3）工件装夹、刀具安装规范 4）正确使用量具 5）卫生、设备保养 6）关机后机床停放位置合理		6	每违反一条酌情扣1分，扣完为止			
18	否定项	发生重大事故（人身和设备安全事故等）、严重违反工艺原则和情节严重的野蛮操作等，由监考人决定取消其实操考核资格						
额定时间			实际加工时间		总得分			

检验员：　　　　　　记录员：　　　　　　考评员：

高级工模拟试题二

1. 考核要求

（1）考核时间：300min

（2）具体考核要求：

1）按零件图样完成加工操作。

2）填写数控车床加工工艺简卡和程序单。

（3）零件图如附图 C-2 所示。

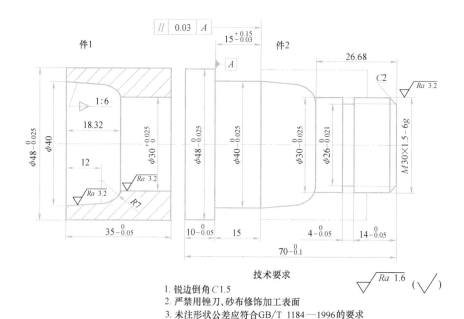

技术要求

1. 锐边倒角 C1.5
2. 严禁用锉刀、砂布修饰加工表面
3. 未注形状公差应符合 GB/T 1184—1996 的要求
4. 涂色检查圆弧孔和锥孔各自接触面积不得小于 60%
5. 锥面与圆弧孔过渡光滑

附图 C-2　高级工零件图二

（4）零件材料：45 钢

2. 数控车床加工工艺简卡和程序清单

（1）数控车床加工刀具、工艺卡（略）

（2）程序清单（略）

3. 零件检测评分表

零件检测评分表见附表 C-4。

附表 C-4　零件检测评分表

序号	考核项目	考核内容及要求	配分	评分标准	检测结果	扣分	得分
1	工艺分析	填写刀具卡、工艺卡 1）刀具选择不合理 2）加工顺序不合理 3）关键工序错误 4）切削参数不合理	10	每违反一条酌情扣 1～2 分，扣完为止			

（续）

序号	考核项目	考核内容及要求		配分	评分标准	检测结果	扣分	得分
2	程序编制	1）指令正确，程序完整 2）运用刀具半径和长度补偿功能 3）数值计算正确、程序编写表现出一定的技巧，简化计算和加工程序		15	每违反一条酌情扣 1~5 分，扣完为止			
3	数控车床规范操作	1）开机前的检查和开机顺序正确 2）回机床参考点 3）正确对刀，建立工件坐标系 4）正确设置参数 5）正确仿真校验		20	每违反一条酌情扣 2~4 分，扣完为止			
4	外圆	$\phi48_{-0.025}^{0}$mm	IT	3	超差 0.01mm 扣 1 分			
			Ra	1	降一级扣 0.5 分			
		$\phi40_{-0.025}^{0}$mm	IT	3	超差 0.01mm 扣 1 分			
			Ra	1	降一级扣 0.5 分			
		$\phi30_{-0.025}^{0}$mm	IT	3	超差 0.01mm 扣 1 分			
			Ra	1	降一级扣 0.5 分			
5	成型面	$R7$mm	IT	2	超差不得分			
			Ra	1	降一级扣 0.5 分			
6	外螺纹	M30×1.5	IT	3	不合格不得分			
			Ra	1	降一级扣 1 分			
7	长度	$14_{-0.05}^{0}$mm	IT	2	超差 0.01mm 扣 1 分			
8		$4_{-0.05}^{0}$mm 两处	IT	2	超差 0.01mm 扣 1 分			
9		$10_{-0.05}^{0}$mm	IT	2	超差 0.01mm 扣 1 分			
10		$70_{-0.1}^{0}$mm	IT	1	超差不得分			
11	锥度	1：6		3	超差不得分			
12	外圆	$\phi48_{-0.025}^{0}$mm	IT	3	超差 0.01mm 扣 1 分			
			Ra	1	降一级扣 0.5 分			
13	内孔	$\phi30_{0}^{+0.025}$mm	IT	3	超差 0.01mm 扣 1 分			
			Ra	1	降一级扣 0.5 分			
14	长度	$35_{-0.05}^{0}$mm		3	超差不得分			
		$15_{-0.03}^{+0.15}$mm		3	超差不得分			
15	配合			6	接触面积小于 30% 不得分 接触面积 30%~50% 得 4 分			

（续）

序号	考核项目	考核内容及要求	配分	评分标准	检测结果	扣分	得分
16	安全文明生产	1）着装规范，未受伤 2）刀具、工具、量具的放置规范 3）工件装夹、刀具安装规范 4）正确使用量具 5）卫生、设备保养 6）关机后机床停放位置合理	6	每违反一条酌情扣 1 分，扣完为止			
17	否定项	发生重大事故（人身和设备安全事故等）、严重违反工艺原则和情节严重的野蛮操作等，由监考人决定取消其实操考核资格					

额定时间		实际加工时间		总得分	

检验员：		记录员：		考评员：	

参 考 文 献

［1］ 顾京. 数控机床加工程序编制［M］. 4 版. 北京：机械工业出版社，2009.

［2］ 余英良. 数控车削加工实训及案例解析［M］. 北京：化学工业出版社，2007.

［3］ 唐娟，林红喜. 数控车床编程与操作实训教程［M］. 上海：上海交通大学出版社，2010.

［4］ 王吉连，王吉庆. 数控车削编程与加工［M］. 北京：外语教学与研究出版社，2011.

［5］ 袁锋. 数控车床培训教程［M］. 北京：机械工业出版社，2012.

［6］ 冼进. 数控车床操作基础与应用实例［M］. 2 版. 北京：电子工业出版社，2012.

［7］ 赵长明，刘万菊. 数控加工工艺及设备［M］. 2 版. 北京：高等教育出版社，2015.

［8］ 朱兴伟. 数控车削加工技术与技能：FANUC 系统［M］. 北京：机械工业出版社，2016.

［9］ 赵金风，井新文，王振宝. 数控车床编程与加工［M］. 北京：中国轻工业出版社，2016.